高等院校网络教育系列教材

安全法规与安全管理

孙东亮　曹礼梅　主编

華東理工大學出版社
EAST CHINA UNIVERSITY OF SCIENCE AND TECHNOLOGY PRESS
·上海·

图书在版编目(CIP)数据

安全法规与安全管理/孙东亮，曹礼梅主编.—上海：华东理工大学出版社，2021.1
高等院校网络教育系列教材
ISBN 978-7-5628-6440-0

Ⅰ.①安… Ⅱ.①孙… ②曹… Ⅲ.①安全生产-法规-中国-高等学校-教材 ②安全管理-高等学校-教材 Ⅳ.①D922.54 ②X92

中国版本图书馆CIP数据核字(2021)第003631号

项目统筹 / 左金萍
责任编辑 / 章斯纯
装帧设计 / 戚亮轩
出版发行 / 华东理工大学出版社有限公司
地址：上海市梅陇路130号，200237
电话：021-64250306
网址：www.ecustpress.cn
邮箱：zongbianban@ecustpress.cn
印　　刷 / 上海展强印刷有限公司
开　　本 / 787 mm×1092 mm　1/16
印　　张 / 6
字　　数 / 128千字
版　　次 / 2021年1月第1版
印　　次 / 2021年1月第1次
定　　价 / 38.00元

前 言

随着经济社会的发展，国家对安全工程专业人才的要求不断更新，安全工程专业的内涵也发生了很大变化，相应的专业培养目标、培养要求、主干学科、主要课程、主要实践性教学环节等都有了不同程度的变化。但是，安全工程专业的教材建设与专业的发展出现了不适应的新情况，原有教材已无法满足和适应高等教育人才培养的需要。为此，组织编写、出版新的安全工程专业教材已成为众多院校翘盼之事。

本书共8章，内容包括安全生产法律法规、安全生产法律责任、安全生产相关条例、安全生产标准、安全管理概述、安全管理体系和管理方法、事故应急管理、企业安全管理。全书内容精练、深入浅出，每章均附有思考题。

本书由华东理工大学资源与环境工程学院的孙东亮和曹礼梅合作编写。我们在编写过程中虽付出了较大努力，但书中难免有疏漏之处，望读者批评指正！

编 者

2020 年 8 月

目 录

第一章
安全生产法律法规

第一节　安全生产法律基础知识

法律有狭义和广义之分。狭义的法律专指享有立法权的国家机关依照法定程序制定的规范性文件，是具体的法律规范，包括宪法、法令、法律、行政法规、地方性法规、行政规章、判例、习惯法等各种成文法和不成文法。广义的法律就是平常所说的法，是指按照统治阶级的利益和意志制定或由其认可的，并由国家强制力保证实施的行为规范的总和。它通过规范人们的权利和义务的方式规范人们的行为，以确认、保护和发展有利于统治阶级的社会关系和社会秩序，是统治阶级实现阶级统治和执行社会公共职能的工具。本书所说的法律是指广义的法律。

一、法律的本质和作用

法律的本质是法律的根本性质，是指法律这一事物自身组成要素之间相对稳定的内在联系，是由法律本身所具有的特殊矛盾构成的。关于法律的本质有多种学说，但只有马克思主义法律的本质学说才能真正地揭示法律的本质。马克思主义法律的本质学说认为：法律关系既不能从它们本身来理解，也不能从人类精神的一般发展来理解，相反，它们都根源于物质的生活关系。这一论断指出：① 法律是统治阶级意志的体现；② 法律是统治阶级整体意志和共同利益的体现；③ 法律是被奉为国家意志的统治阶级意志；④ 法律所体现的统治阶级意志的内容是由统治阶级物质生活条件所决定的。统治阶级的物质生活条件主要是指地理环境、人口状况、生产方式等。其中，具有决定性意义的是被一定生产力水平所制约的生产关系和经济条件。

法律的作用是指法律对人们的行为、社会生活和社会关系产生的影响。法律的作用可以分为规范作用与社会作用两类。法律的规范作用是手段，法律的社会作用是目的。

（一）法律的规范作用

（1）指引作用。法律作为一种行为规范，为人们提供某种行为模式，指引人们可以这样行为、必须这样行为或不得这样行为，从而对行为者本人的行为产生影响。

(2) 评价作用。法律对人们的行为是否合法或违法及其程度，具有判断、衡量的作用。

(3) 预测作用。人们可以根据法律规范的规定，事先估计到当事人双方将如何行为及行为的法律后果。

(4) 强制作用。法律能运用国家强制力制裁和惩罚违法犯罪行为，这是法律的强制作用。

(5) 教育作用。通过法律的实施，法律规范对人们今后的行为产生直接或间接的诱导作用。

(二) 法律的社会作用

法律的社会作用是法律为实现一定的社会目的而发挥的作用。法律的社会作用主要表现在两个方面：在维护阶级统治方面，表现为调整统治阶级与被统治阶级之间的关系，调整统治阶级内部的关系和调整统治阶级与其同盟者之间的关系；在执行社会公共事务方面，表现为维护人类社会的基本生活条件，维护生产和交换条件，促进公共设施建设，组织社会化大生产，确认和执行技术规范，促进教育、科学和文化事业的发展。

二、安全生产法的分类

(一) 从法的不同层级上，可分为上位法和下位法

法的层级不同，其法律地位和效力也不同。上位法是指法律地位、法律效力高于其他相关法的立法。下位法是指法律地位、法律效力低于上位法的立法。不同的安全生产立法对同一类或者同一个安全生产行为作出不同法律规定的，以上位法的规定为准，适用上位法的规定。上位法没有规定的，可以适用下位法。下位法的数量多于上位法。

(二) 从同一层级法的效力上，可分为普通法和特殊法

我国安全生产立法是多年来针对不同的安全生产问题而制定的，相关法律规范对一些安全生产问题的规定有所差别：有的侧重解决一般的安全生产问题，有的侧重或者专门解决某一领域的特殊安全生产问题。因此，在安全生产法律体系同一层级的安全生产立法中，安全生产法律法规有普通法和特殊法之分。普通法是适用于安全生产领域中普遍存在的基本问题、共性问题的法律规范，不能解决某一领域存在的特殊性、专业性法律问题。特殊法是适用于某些安全生产领域独立存在的特殊性、专业性问题的法律规范，往往比普通法更专业、更具体、更具有可操作性。在同一层级的安全生产立法对同一类问题的法律适用上，应当适用特殊法优于普通法的原则。

(三) 从法的内容上，可分为综合性法和单行法

安全生产问题错综复杂，相关法律规范内容丰富。从安全生产立法所确定的适用范围和具体法律规范看，可以将安全生产立法分为综合性法和单行法。综合性法不受法律规范层级限制，而是将各个层级的综合性法律法规作为整体看待，适用于安全生产主要领

域或者某一领域的主要方面。单行法的内容只涉及某一领域或者某一方面的安全生产问题。在一定条件下，综合性法和单行法的区分是相对的。例如，《中华人民共和国安全生产法》（简称《安全生产法》）属于安全生产领域的综合性法律，其内容涵盖了安全生产领域的主要方面和基本问题。与其相对，《中华人民共和国矿山安全法》（简称《矿山安全法》）是单独适用于矿山开采安全生产的单行法律。

三、安全生产法律关系

法律关系是指法律规范在确认和调整人们的行为过程中所形成的具有法律上权利义务形式的社会关系。一定的社会关系，由法律加以调整后，就形成一定的法律关系。由于各种法律规范所调整的社会关系不同，因而形成了性质和内容不同的法律关系。安全生产法律关系是指安全生产法所确认的人们在参与与安全生产有关的活动中形成的具体的权利和义务关系。安全生产法律关系以相应的安全生产法律规范作为自身存在的前提，由安全生产法律规范予以确认和调整。

四、违反安全法律法规的法律责任

公民、法人和其他组织违反有关安全生产的法律规定的责任，虽然有民事法律责任和刑事法律责任，但主要是行政法律责任。行政法律责任可以分为处罚性法律责任、强制执行性法律责任和补偿性法律责任。

（一）行政处罚

行政处罚是主管行政机关依法惩戒公民、法人或其他组织的违法行为的行政执法行为，是对违法行为的一种制裁。行政处罚的目的在于制裁违法行为、制止和预防违法，以维护良好的经济和社会秩序。

对违反安全生产行为的行政处罚种类很多，如《中华人民共和国矿山安全法》规定有罚款、停产整顿、停产、限期改正、吊销采矿许可证和营业执照等。《中华人民共和国煤炭法》规定有责令停止生产、没收违法所得、罚款、强制停产、吊销煤炭生产许可证、责令限期改正、责令停止作业、责令停止经营、责令停止销售、取消煤炭经营资格等。《中华人民共和国行政处罚法》规定行政处罚的种类包括警告、罚款、没收违法所得、没收非法财物、责令停产停业、暂扣或者吊销许可证、暂扣或吊销执照、行政拘留以及法律法规规定的其他行政处罚。理论上可以将行政处罚分成四类：① 申诫罚或声誉罚，如警告、通报等。② 财产罚，如罚款、没收违法所得或没收非法财物。③ 行为罚或能力罚，即短期或长期剥夺违法者从事某种行为的能力或资格，如吊销工商营业执照、吊销煤炭生产许可证或取消煤炭经营资格。④ 人体罚或自由罚，即短期剥夺公民的人身自由，如拘留。

（二）行政强制执行

行政强制执行是对不履行行政义务的公民、法人或者其他组织强迫其履行行政义务的执法行为。行政强制执法行为必须以义务人故意不履行行政义务且该义务是必须履行的为前提。根据《中华人民共和国行政诉讼法》的规定,行政强制执行权原则上属于法院,行政机关要强制执行时可以向人民法院申请强制执行。只有在个别情况下,行政机关才有强制执行权。因此,我国实行的是以申请人民法院行政强制执行为原则,行政机关直接执行为例外的制度。

(三) 补偿性法律责任

在违法行为损害国家、社会公共利益时,就应该承担补救性法律责任。补救性法律责任分为恢复原状与经济赔偿两类。凡能恢复原状的,就应该恢复原状;无法恢复原状的,可以给予经济赔偿。补救责任与行政处罚不同。承担补救责任并未对违法行为给予制裁。在实际工作中,必须对违法行为同时给予罚款、责令停止作业等处罚,这样才不会放纵违法行为,从而保障法律的贯彻执行。

第二节　我国安全生产法律体系

安全生产是一个系统工程,需要建立在各种支持基础之上,而安全生产的法规体系尤为重要。按照"安全第一、预防为主、综合治理"的安全生产方针,国家制定了一系列有关安全生产、劳动保护的法规。据统计,中华人民共和国成立以来,颁布并在使用的有关安全生产、劳动保护的主要法律法规有 300 多项,内容包括综合类、安全卫生类、"三同时"类、伤亡事故类、女工和未成年工保护类、职业培训考核类、特种设备类、防护用品类和检测检验类。其中以法的形式出现,对安全生产、劳动保护具有十分重要作用的是《中华人民共和国安全生产法》(2014 年修正)、《中华人民共和国矿山安全法》(2009 年修正)、《中华人民共和国劳动合同法》(2012 年修正)、《中华人民共和国煤炭法》(2016 年修正)、《中华人民共和国职业病防治法》(2018 年修正)。与此同时,国家还制定和颁布了数百项安全卫生方面的国家标准。根据我国立法体系的特点及安全生产法规调整的范围,安全生产法律法规体系由若干层次构成。

一、宪法

《中华人民共和国宪法》(简称《宪法》)的许多条文直接涉及安全生产和劳动保护问题,这些规定既是安全法规制定的最高法律依据,又是安全法律、法规的一种表现形式。

二、法律

(1) 专门法律,如《中华人民共和国安全生产法》《中华人民共和国矿山安全法》。

(2) 相关法律,如《中华人民共和国煤炭法》《中华人民共和国矿产资源法》。

(3) 特别行政区的法律,如《中华人民共和国香港特别行政区基本法》。

三、法规

（1）行政法规，如《国务院关于特大安全事故行政责任追究的规定》《大型群众性活动安全管理条例》。

（2）地方法规，如《安徽省安全生产事故调查处理及行政责任追究暂行规定》。

四、规章

（1）部门规章，如《严防企业粉尘爆炸五条规定》。

（2）地方政府规章，如《广东省专职消防队建设管理规定》。

五、自治条例和单行条例

自治区的自治条例和单行条例，报全国人民代表大会常务委员会（简称“全国人大常委会”）批准后生效。自治州、自治县的自治条例和单行条例，报省、自治区、直辖市的人民代表大会常务委员会批准后生效。

六、法定标准

（1）国家标准，如《危险化学品重大危险源辨识》（GB 18218—2018）、《生产过程安全卫生要求总则》（GB 12801—2008）。

（2）行业标准，如《安全评价通则》（AQ8001—2007）、《煤矿建设项目安全预评价实施细则》（AQ1095—2014）。

（3）地方标准，如《山东省安全技术防范工程管理规范》。

（4）企业标准。

七、国际条约

国际条约（International Treaties）是指国际法主体之间以国际法为准则确立其相互权利和义务而缔结的书面协议。国际条约包括一般性的条约和特别条约。本书中主要是指我国政府批准加入的国际劳工公约，如《矿山安全与卫生公约》（第 176 号公约，1995 年）、《建筑业安全卫生公约》（第 167 号公约，1988 年）。

第三节　安全生产法

第十二届全国人民代表大会常务委员会第十次会议通过了修改的《中华人民共和国安全生产法》，自 2014 年 12 月 1 日起施行。

2014 年修订的《安全生产法》对安全生产方针、安全管理机制和机构做了调整。坚持

“安全第一、预防为主、综合治理”的方针，建立“生产经营单位负责、职工参与、政府监管、行业自律和社会监督”的机制。2014 年修订的《安全生产法》第二十一条规定，矿山、金属冶炼、建筑施工、道路运输单位和危险物品的生产、经营、储存单位，应当设置安全生产管理机构或者配备专职安全生产管理人员。前款规定以外的其他生产经营单位，从业人员超过一百人的，应当设置安全生产管理机构或者配备专职安全生产管理人员；从业人员在一百人以下的，应当配备专职或者兼职的安全生产管理人员。生产经营单位委托依法设立的机构提供安全生产技术、管理服务的，保证安全生产的责任仍由本单位负责。

根据国家安全监管总局政策法规司对 2014 年修订的《安全生产法》的解读，其主要有以下 10 个亮点。

一、坚持以人为本、生命至上

2014 年修订的《安全生产法》提出安全生产工作应当以人为本，对于坚守发展决不能以牺牲人的生命为代价这条红线，牢固树立以人为本、生命至上的理念，正确处理重大险情和事故应急救援中“保财产”还是“保人命”的问题，具有重大意义。

二、确立安全生产方针和工作机制

2014 年修订的《安全生产法》确立了“安全第一、预防为主、综合治理”的安全生产工作“十二字方针”，明确了安全生产的重要地位、主体任务和实现安全生产的根本途径。“安全第一”要求从事生产经营活动必须把安全放在首位，不能以牺牲人的生命、健康为代价换取发展和效益。“预防为主”要求把安全生产工作的重心放在预防上，强化隐患排查治理，打非治违，从源头上控制、预防和减少生产安全事故。“综合治理”要求运用行政、经济、法治、科技等多种手段，充分发挥社会职工、舆论监督各个方面的作用，抓好安全生产工作。2014 年修订的《安全生产法》明确要求建立“生产经营单位负责、职工参与、政府监管、行业自律、社会监督”的机制，进一步明确各方安全生产职责。做好安全生产工作，落实生产经营单位主体责任是根本，职工参与是基础，政府监管是关键，行业自律是发展方向，社会监督是实现预防和减少生产安全事故目标的保障。

三、落实“三个必须”，明确安全监管部门职责和地位

按照“三个必须”（管业务必须管安全、管行业必须管安全、管生产经营必须管安全）的要求，明确安全监督管理部门的职责和地位：① 规定国务院和县级以上地方人民政府应当建立健全安全生产工作协调机制，及时协调、解决安全生产监督管理中存在的重大问题。② 明确国务院和县级以上地方人民政府安全生产监督管理部门实施综合监督管理，有关部门在各自职责范围内对有关行业、领域的安全生产工作实施监督管理，并将其统称为负有安全生产监督管理职责的部门。③ 明确各级安全生产监督管理部门和其他负有安全生产监督管理职责的部门作为执法部门，依法开展安全生产行政执法工作，对生产经

营单位执行法律、法规、国家标准或者行业标准的情况进行监督检查。

四、明确乡镇、街道、开发区等的安全生产职责

乡镇街道是安全生产工作的重要基础，有必要在立法层面明确其安全生产职责。同时，针对各地经济技术开发区、工业园区的安全监管体制不顺、监管人员配备不足、事故隐患集中、事故多发等突出问题，2014 年修订的《安全生产法》明确规定：乡、镇人民政府以及街道办事处、开发区管理机构等地方人民政府的派出机关应当按照职责，加强对本行政区域内生产经营单位安全生产状况的监督检查，协助上级人民政府有关部门依法履行安全生产监督管理职责。

五、进一步强化生产经营单位的安全责任

做好安全生产工作，落实生产经营单位主体责任是根本。2014 年修订的《安全生产法》把明确安全责任、发挥生产经营单位安全生产管理机构和安全生产管理人员作用作为一项重要内容，作出四个方面的重要规定：① 明确委托规定的机构提供安全生产技术、管理服务的，保证安全生产的责任仍然由本单位负责；② 明确生产经营单位的安全生产责任制的内容，规定生产经营单位应当建立相应的机制，加强对安全生产责任制落实情况的监督考核；③ 明确生产经营单位的安全生产管理机构以及安全生产管理人员履行的七项职责；④ 规定矿山、金属冶炼建设项目和用于生产、储存危险物品的建设项目竣工投入生产或者使用前，由建设单位负责组织对安全设施进行验收。

六、完善事故预防和事故应急救援制度

2014 年修订的《安全生产法》把加强事前预防和事故应急救援作为一项重要内容：① 生产经营单位必须建立生产安全事故隐患排查治理制度，采取技术、管理措施，及时发现并消除事故隐患，并向从业人员通报。② 政府有关部门要建立健全重大事故隐患治理督办制度，督促生产经营单位消除重大事故隐患。③ 对未建立隐患排查治理制度、未采取有效措施消除事故隐患的行为，设定了严格的行政处罚。④ 赋予负有安全监管职责的部门对拒不执行执法决定、有发生生产安全事故现实危险的生产经营单位依法采取停电、停供民用爆炸物品等措施，强制生产经营单位履行决定。⑤ 国家建立应急救援基地和应急救援队伍，建立全国统一的应急救援信息系统。生产经营单位当依法制订应急预案并定期演练。参与事故抢救的部门和单位要服从统一指挥，根据事故救援的需要组织采取告知、警戒、疏散等措施。

七、建立安全生产标准化制度

安全生产标准化是在传统的安全质量标准化基础上，根据当前安全生产工作的要求、企业生产工艺特点，借鉴国外现代先进安全管理思想，形成的一套系统的、规范的、科学的

安全管理体系。2010 年《国务院关于进一步加强企业安全生产工作的通知》(国发〔2010〕23 号)、2011 年《国务院关于坚持科学发展安全发展促进安全生产形势持续稳定好转的意见》(国发〔2011〕40 号)均对安全生产标准化工作提出了明确的要求。近年来,矿山、危险化学品等高危行业企业的安全生产标准化取得了显著成效,工贸行业领域的标准化工作正在全面推进,企业本质安全生产水平明显提高。

八、推行注册安全工程师制度

为解决中小企业安全生产"无人管、不会管"的问题,促进安全生产管理人员队伍朝着专业化、职业化的方向发展,我国自 2004 年以来连续 10 年实施了全国注册安全工程师执业资格统一考试,21.8 万人取得了资格证书。截至 2013 年 12 月,已有近 15 万人注册并在生产经营单位和安全生产中介服务机构执业。2014 年修订的《安全生产法》确立了注册安全工程师制度,并从两个方面加以推进:① 危险物品的生产、储存单位以及矿山、金属冶炼单位应当有注册安全工程师从事安全生产管理工作,鼓励其他生产经营单位聘用注册安全工程师从事安全生产管理工作。② 建立注册安全工程师按专业分类管理制度,授权国务院有关部门制定具体实施办法。

九、推进安全生产责任保险制度

2014 年修订的《安全生产法》总结近年来的试点经验,通过引入保险机制,促进安全生产,并规定国家鼓励生产经营单位投保安全生产责任保险。安全生产责任保险具有其他保险所不具备的特殊功能和优势:① 增加事故救援费用和第三人(事故单位从业人员以外的事故受害人)赔付的资金来源,有助于减轻政府负担,维护社会稳定。目前有的地区还提供了一部分资金作为对事故死亡人员家属的补偿。② 有利于现行安全生产经济政策的完善和发展。2005 年起实施的高危行业风险抵押金制度存在缴存标准高、占用资金大、缺乏激励作用等不足,目前湖南、上海等省市已经通过地方立法允许企业自愿选择责任保险或者风险抵押金,受到企业的广泛欢迎。③ 通过保险费率浮动、引进保险公司参与企业安全管理,可以有效促进企业加强安全生产工作。

十、加大对安全生产违法行为的责任追究力度

规定了事故行政处罚和终身行业禁入。① 将行政法规的规定上升为法律条文,按照两个责任主体、四个事故等级,设立了对生产经营单位及其主要负责人的八项罚款处罚明文。② 大幅提高对事故责任单位的罚款金额:一般事故罚款 20 万～50 万元,较大事故罚款 50 万～100 万元,重大事故罚款 100 万～500 万元,特别重大事故罚款 500 万～1000 万元;特别重大事故的情节特别严重的,罚款 1000 万～2000 万元。③ 进一步明确主要负责人对重大、特别重大事故负有责任的,终身不得担任本行业生产经营单位的主要负责人。

加大罚款处罚力度。结合各地区经济发展水平、企业规模等实际情况，2014 年修订的《安全生产法》维持罚款下限基本不变，将罚款上限提高了 2～5 倍，并且大多数罚则不再将限期整改作为前置条件。这反映了“打非治违”“重典治乱”的现实需要，强化了对安全生产违法行为的震慑力，也有利于降低执法成本，提高执法效能。

第四节　安全技术法规

安全技术法规是指国家为搞好安全生产，防止和消除生产中的灾害事故，保障职工人身安全而制定的法律规范。国家规定的安全技术法规，是对一些比较突出或有普遍意义的安全技术问题规定其基本要求，一些较特殊的安全技术问题，国家有关部门也制定并颁布了专门的安全技术法规。

一、设计、建设工程安全方面

《建设工程安全生产管理条例》(2004 年)规定，建设单位、勘察单位、设计单位、施工单位、工程监理单位及其他与建设工程安全生产有关的单位，必须遵守安全生产法律、法规的规定，保证建设工程安全生产，依法承担建设工程安全生产责任。《中华人民共和国安全生产法》第二十八条规定，生产经营单位新建、改建、扩建工程项目(以下统称“建设项目”)的安全设施，必须与主体工程同时设计、同时施工、同时投入生产和使用。安全设施投资应当纳入建设项目概算。

二、机器设备安全装置方面

对于机器设备的安全装置，国家职业安全卫生设施标准中有明确要求，如传动带、明齿轮、砂轮、电锯、联轴节、转轴、皮带轮等危险部位和压力机旋转部位必须有安全防护装置。机器转动部分必须设自动加油装置。起重机应标明吨位，使用时不准超速、超负荷，不准斜吊，禁止任何人在吊运物品上或者在下面停留或行走等。《安全生产法》第三十三条规定，安全设备的设计、制造、安装、使用、检测、维修、改造和报废，应当符合国家标准或者行业标准。生产经营单位必须对安全设备进行经常性维护、保养，并定期检测，保证正常运转。维护、保养、检测应当作好记录，并由有关人员签字。

三、特种设备安全措施方面

《国务院关于修改〈特种设备安全监察条例〉的决定》(2009 年)规定，特种设备是指涉及生命安全、危险性较大的锅炉、压力容器(含气瓶)、压力管道、电梯、起重机械、客运索道、大型游乐设施和场(厂)内专用机动车辆，军事装备、核设施、航空航天器、铁路机车、海上设施和船舶以及矿山井下使用的特种设备、民用机场专用设备除外。

特种设备使用单位应当对特种设备作业人员进行特种设备安全、节能教育和培训，保证特种设备作业人员具备必要的特种设备安全、节能知识。特种设备检验检测机构进行特种设备检验检测，发现严重事故隐患或者能耗严重超标的，应当及时告知特种设备使用单位，并立即向特种设备安全监督管理部门报告。特种设备安全监督管理部门对特种设备生产、使用单位和检验检测机构进行安全监察时，发现有违反本条例规定和安全技术规范要求的行为或者在用的特种设备存在事故隐患、不符合能效指标的，应当以书面形式发出特种设备安全监察指令，责令有关单位及时采取措施，予以改正或者消除事故隐患。紧急情况下需要采取紧急处置措施的，应当随后补发书面通知。

四、防火防爆安全规则方面

《中华人民共和国消防法》规定：地方各级人民政府应当将包括消防安全布局、消防站、消防供水、消防通信、消防车通道、消防装备等内容的消防规划纳入城乡规划，并负责组织实施。

《危险化学品安全管理条例》规定，危险化学品生产、储存、使用、经营和运输的安全管理，适用本条例。危险化学品安全管理，应当坚持安全第一、预防为主、综合治理的方针，强化和落实企业的主体责任。生产、储存、使用、经营、运输危险化学品的单位（以下统称“危险化学品单位”）的主要负责人对本单位的危险化学品安全管理工作全面负责。危险化学品单位应当具备法律、行政法规规定和国家标准、行业标准要求的安全条件，建立、健全安全管理规章制度和岗位安全责任制度，对从业人员进行安全教育、法制教育和岗位技术培训。从业人员应当接受教育和培训，考核合格后上岗作业；对有资格要求的岗位，应当配备依法取得相应资格的人员。任何单位和个人不得生产、经营、使用国家禁止生产、经营、使用的危险化学品。

五、工作安全条件方面

《中华人民共和国安全生产法》第三十九条规定，生产、经营、储存、使用危险物品的车间、商店、仓库不得与员工宿舍在同一座建筑物内，并应当与员工宿舍保持安全距离。生产经营场所和员工宿舍应当设有符合紧急疏散要求、标志明显、保持畅通的出口。禁止封闭、封堵生产经营场所或者员工宿舍的出口。

《中华人民共和国矿山安全法》对矿井的安全出口、出口之间的直线水平距离以及矿山与外界相通的运输和通信设施等作了规定。

六、个体安全防护方面

《中华人民共和国安全生产法》第四十二条规定，生产经营单位必须为从业人员提供符合国家标准或者行业标准的劳动防护用品，并监督、教育从业人员按照使用规则佩戴、使用。

个体防护用品按其制造目的和传递给人的能量来区分，有防止造成急性伤害和慢性伤害两种。《中华人民共和国劳动法》《中华人民共和国煤炭法》《中华人民共和国矿山安全法》等国家法律法规也都对企事业单位对劳动者提供必要的防护用品作出了明确要求。

第五节　职业健康法规

职业健康法规是指国家为了改善劳动条件，保护职工在生产过程中的健康，预防和消除职业病和职业中毒而制定的各种法规规范，既包括职业健康保障措施的规定，也包括有关预防医疗保健措施的规定。我国现行职业健康方面的法规和标准主要有：《中华人民共和国环境保护法》《中华人民共和国乡镇企业法》《中华人民共和国煤炭法》《中华人民共和国职业病防治法》《放射性同位素与射线装置安全和防护条例》《工业企业设计卫生标准》《工业企业噪声卫生标准》《微波幅射暂行卫生标准》《防暑降温措施管理办法》《化工系统健康监护管理办法》《乡镇企业劳动卫生管理办法》以及《工业企业总平面设计规范》等。2011 年 12 月 31 日起施行的《中华人民共和国职业病防治法》(2018 年有修订)，使我国的职业病防治的法规管理提高到了一个新的高度和层次。与安全技术法规一样，国家职业健康法规也对具有共性的工业卫生问题提出了具体要求。

《职业病分类和目录》(国卫疾控发〔2013〕48 号)将职业病分为 10 大类，122 个小项：① 职业性尘肺病及其他呼吸系统疾病(19 项)：② 职业性皮肤病(9 项)；③ 职业性眼病(3 项)；④ 职业性耳鼻喉口腔疾病(4 项)；⑤ 职业性化学中毒(60 项)；⑥ 物理因素所致职业病(7 项)；⑦ 职业性放射性疾病(11 项)；⑧ 职业性传染病(5 项)；⑨ 职业性肿瘤(1 项)；⑩ 其他职业病(3 项)。

一、工矿企业设计、建设的职业健康方面

《工业企业设计卫生标准》(GBZ 1—2010)对工业企业设计过程中尘毒危害治理、对生产过程中不能消除的有害因素以及对现有企业存在的污染问题的预防和综合治理措施等提出了明确要求。《中华人民共和国职业病防治法》第四条至第七条规定，劳动者依法享有职业卫生保护的权利。用人单位应当为劳动者创造符合国家职业卫生标准和卫生要求的工作环境和条件，并采取措施保障劳动者获得职业卫生保护。工会组织依法对职业病防治工作进行监督，维护劳动者的合法权益。用人单位制定或者修改有关职业病防治的规章制度，应当听取工会组织的意见。用人单位应当建立、健全职业病防治责任制，加强对职业病防治的管理，提高职业病防治水平，对本单位产生的职业病危害承担责任。用人单位的主要负责人对本单位的职业病防治工作全面负责。用人单位必须依法参加工伤保险。

二、防止粉尘危害方面

《国务院关于加强防尘防毒工作的决定》(国发〔1984〕07 号)规定，各经济部门和企业、事业主管部门，对现有企业进行技术改造时，必须同时解决尘毒危害和安全生产问题。1987 年《中华人民共和国尘肺病防治条例》规定，凡有粉尘作业的企业、事业单位应采取综合防尘措施和无尘或低尘的新技术、新工艺、新设备，使作业场所的粉尘浓度不超过国家卫生标准。该条例还规定了警告、期限治理、罚款和停产整顿的各项条款。

《严防企业粉尘爆炸五条规定》要求：① 必须确保作业场所符合标准规范要求，严禁设置在违规多层房、安全间距不达标厂房和居民区内。② 必须按标准规范设计、安装、使用和维护通风除尘系统，每班按规定检测和规范清理粉尘，在除尘系统停运期间和粉尘超标时严禁作业，并停产撤人。③ 必须按规范使用防爆电气设备，落实防雷、防静电等措施，保证设备设施接地，严禁作业场所存在各类明火和违规使用作业工具。④ 必须配备铝镁等金属粉尘生产、收集、储存的防水防潮设施，严禁粉尘遇湿自燃。⑤ 必须严格执行安全操作规程和劳动防护制度，严禁员工培训不合格和不按规定佩戴使用防尘、防静电等劳保用品上岗。

三、防止有毒物质危害方面

《工业企业设计卫生标准》规定了我国各类工业企业设计的工业卫生基本标准，它从工业企业的设计、施工到生产过程，以及“三废”治理等多个环节提出了劳动卫生学的基本要求，并对 11 种化学毒物规定了车间空气中允许浓度的最高标准。

《中华人民共和国职业病防治法》第二十四条规定，产生职业病危害的用人单位，应当在醒目位置设置公告栏，公布有关职业病防治的规章制度、操作规程、职业病危害事故应急救援措施和工作场所职业病危害因素检测结果。对产生严重职业病危害的作业岗位、应当在其醒目位置，设置警示标识和中文警示说明。警示说明应当载明产生职业病危害的种类、后果、预防以及应急救治措施等内容。第二十五条规定，对可能发生急性职业损伤的有毒、有害工作场所，用人单位应当设置报警装置，配置现场急救用品、冲洗设备、应急撤离通道和必要的泄险区。

四、防止物理危害因素和伤害方面

1979 年国家颁布的《工业企业噪声卫生标准》规定，新企业的噪声不得超过 85 分贝，现有企业最高不得超过 90 分贝。《微波辐射暂行卫生标准》对微波设备的出厂性能鉴定要求进行了严格的规定。

《放射性同位素与射线装置安全和防护条例》规定，销售、使用放射性同位素和射线装置的单位，应当事先向有审批权的生态环境主管部门提出许可申请。《中华人民共和国职业病防治法》规定，对放射工作场所和放射性同位素的运输、贮存，用人单位必须配置防护设备和报警装置，保证接触放射线的工作人员佩戴个人剂量计。对职业病防护设备、应急救援设施和个人使用的职业病防护用品，用人单位应当进行经常性的维护、检修，定期检测其性能和效果，确保其处于正常状态，不得擅自拆除或者停止使用。向用人单位提供可能产生职业病危害的化学品、放射性同位素和含有放射性物质的材料的，应当提供中文说明书。说明书应当载明产品特性、主要成分、存在的有害因素、可能产生的危害后果、安全使用注意事项、职业病防护以及应急救治措施等内容。产品包装应当有醒目的警示标识和中文警示说明。贮存上述材料的场所应当在规定的部位设置危险物品标识或者放射性警示标识。

五、劳动卫生个体防护方面

《中华人民共和国职业病防治法》第二十二条规定，用人单位必须采用有效的职业病防护设施，并为劳动者提供个人使用的职业病防护用品。第二十五条规定，对可能发生急性职业损伤的有毒、有害工作场所，用人单位应当设置报警装置，配置现场急救用品、冲洗设备、应撤离通道和必要的泄险区。对放射工作场所和放射性同位素的运输、贮存，用人单位必须配置防护设备和报警装置，保证接触放射线的工作人员佩戴个人剂量计。对职业病防护设备、应急救援设施和个人使用的职业病防护用品，用人单位应当进行经常性的维护、检修，定期检测其性能和效果，确保其处于正常状态，不得擅自拆除或者停止使用。

六、工业卫生辅助设施方面

《工业企业设计卫生标准》对辅助用室基本卫生要求作了特别要求。《中华人民共和国职业病防治法》第十五条规定，产生职业病危害的用人单位的设立除应当符合法律、政法规规定的设立条件外，其工作场所还应当有配套的更衣间、洗浴间、孕妇休息间等卫生设施，其设备、工具、用具等设施符合保护劳动者生理、心理健康的要求。

七、女职工劳动卫生特殊保护方面

国家根据女职工的生理机能和身体特点，以妇女劳动卫生学为科学依据，先后制定了《女职工保健工作暂行规定（试行草案）》《女职工劳动保护规定》《女职工禁忌劳动范围的规定》《中华人民共和国妇女权益保障法》等法律法规，对女职工的劳动卫生特殊保护作出了明确规定。特别是《女职工劳动保护规定》是中华人民共和国成立以来女职工特殊劳动保护的重要法规，它全面系统地规定了女职工的各项劳动保护。《中华人民共和国职业病防治法》第三十八条规定，用人单位不得安排未成年工从事接触职业病危害的作业；不得安排孕期、哺乳期的女职工从事对本人和胎儿、婴儿有危害的作业。《中华人民共和国劳动合同法》规定，女职工在孕期、产期、哺乳期的，用人单位不得解除劳动合同。

八、未成年工的特殊劳动保护方面

未成年工是指年满16周岁、未满18周岁的劳动者。未成年人正处于身体和智力的发育期，还在接受义务教育的年龄段，文化、技能和自我保护的能力还比较低，本不适合参加正式的劳动。为了未成年工的特殊劳动保护，我国颁布了相关的法规，如《中华人民共和国未成年人保护法》《未成年工特殊保护规定》《禁止使用童工规定》等。特别是全国人民代表大会常务委员会于1994年通过的《中华人民共和国劳动法》(2018年有修订)在第六十四条中对未成年工的劳动保护作出了明确的规定：不得安排未成年工从事矿山井下、有毒有害、国家规定的第四级体力劳动强度的劳动和其他禁忌从事的劳动。《未成年工特殊保护规定》第二条规定，未成年工的特殊保护是针对未成年工处于生长发育期的特点，以及接受义务教育的需要采取的特殊劳动保护措施；第三条规定，用人单位不得安排未成年工从事矿山井下及矿山地面采石作业，使用凿岩机、捣固机、铆钉机、电锤的作业。

第六节　安全管理法规

安全管理法规是国家为了搞好安全生产，加强安全生产和劳动保护工作，保护职工的安全健康所制定的管理规范。从广义上来讲，国家的立法、监督、检查和教育等方面都属于管理范畴。安全生产管理是企业经营管理的重要内容之一，因此管生产的必须管安全。《中华人民共和国宪法》规定，加强劳动保护，改善劳动条件，是国家和企业管理劳动保护工作的基本原则。劳动保护管理制度是各类工矿企业为了保护劳动者在生产过程中的安全健康，根据生产实践的客观规律总结和制定的各种规章。概括地讲，这些规章制度一方面属于生产行政管理制度，另一方面属于生产技术管理制度。这两类规章制度经常是密切联系、互相补充的。

重视和加强安全生产的制度建设，是安全生产和劳动保护法制的重要内容。《中华人民共和国劳动法》第五十二条规定，用人单位必须建立、健全劳动安全卫生制度。此外《中华人民共和国矿山安全法》《中华人民共和国乡镇企业法》《中华人民共和国煤炭法》《中华人民共和国职业病防治法》《全民所有制工业交通企业设备管理条例》《危险化学品管理条例》等多部法律法规都对不断完善劳动保护管理制度提出了要求。

一、安全生产责任制

《国务院关于加强企业生产中安全工作的几项规定》对安全生产责任制的内容及实施方法作了比较全面的规定。经过多年的劳动保护工作实践，这一制度得到了进一步的完善和补充，在国家相继颁布的《中华人民共和国企业法》《中华人民共和国环境保护法》《中华人民共和国矿山安全法》《中华人民共和国煤炭法》《中华人民共和国职业病防治法》等多项法律法规中，安全生产责任制都被列为重要条款，成为国家安全生产管理工作的基本内容。

二、安全教育制度

中华人民共和国成立以来，各级人民政府和各产业部门为加强企业的安全生产教育工作陆续颁发了一些法规。《中华人民共和国劳动法》不仅规定了用人单位开展职业培训的义务和职责，同时规定了“从事技术工种的劳动者，上岗前必须经过培训”。《中华人民共和国全民所有制工业企业法》把“企业应当加强思想政治教育、法制教育、国防教育、科学文化教育和技术业务培训提高职工队伍素质”作为企业必须履行的义务之一。《中华人民共和国矿山安全法》规定：“矿山企业必须对职工进行教育、培训；未经安全教育、培训的，不得上岗作业。矿山企业安全生产的特种作业人员必须接受专门培训，经考核合格取得操作资格证书的，方可上岗作业。”《中华人民共和国煤炭法》《中华人民共和国乡镇企业法》《中华人民共和国职业病防治法》等其他法律法规也都对劳动保护教育制度予以规定。

《国家安全监管总局关于修改〈生产经营单位安全培训规定〉等 11 件规章的决定》（国家安全生产监督管理总局令第 63 号）规定生产经营单位主要负责人和安全生产管理人员应当接受安全培训，具备与所从事的生产经营活动相适应的安全生产知识和管理能力；煤矿、非煤矿山危险化学品、烟花爆竹等生产经营单位主要负责人和安全生产管理人员，必须接受专门的安全培训，经安全生产监管监察部门对其安全生产知识和管理能力考核合格，取得安全资格证书后，方可任职。

三、安全生产检查制度

多年的安全生产工作实践，使群众性的安全生产检查逐步成为劳动保护管理的重要制度之一。《国务院关于加强企业生产中安全工作的几项规定》对安全生产检查工作提出了明确要求。1980 年 4 月，经国务院批准，每年的 5 月份被定为“安全月”，以推动安全生产和文明生产，并使之经常化、制度化。“全国安全月”活动从 1980 年一直持续到 1984 年。从 1991 年开始，全国安委会开始在全国组织开展“安全生产周”活动。从 2002 年开始，我国将“安全生产周”改为“安全生产月”。

四、伤亡事故报告处理制度

1956 年国务院发布了《工人职员伤亡事故报告规程》。1991 年 2 月 22 日，国务院发布了《企业职工伤亡事故报告和处理规定》，对企业职工伤亡事故的报告、调查处理等提出了具体要求。《生产安全事故报告和调查处理条例》（国务院令第 493 号）自 2007 年 6 月 1 日起施行，2011 年 8 月国家安全生产监督管理总局通过了《国家安全监管总局关于修改〈《生产安全事故报告和调查处理条例》罚款处罚暂行规定〉部分条款的决定》。为履行安全生产群众监督检查职责，全国总工会对各级工会组织进行职工伤亡事故的统计报告、调查和处理等也作出了规定。

五、劳动保护措施计划

1979 年国务院批转国家劳动总局、卫生部《关于加强厂矿企业防尘防毒工作的报告》并重申:“每年在固定资产更新和技术改造资金中提取百分之十到二十(矿山、化工、金属冶炼企业应大于百分之二十),用于改善劳动条件,不得挪用。”为了加快我国矿山企业设备的更新和改造,《中华人民共和国矿山安全法》规定矿山企业“安全技术措施专项费用必须全部用于改善矿山安全生产条件,不得挪作他用”,同时规定了对未按照规定提取或使用安全技术措施专项费用的罚则。

六、建设工程项目的安全卫生规范

1977 年 8 月 24 日发布的《关于加强有计划改善劳动条件工作的联合通知》中第四条提出:“有新建、扩建、改建企业时,必须按照《工业企业设计卫生标准》的要求进行设计和施工,一定要做到主体工程和防尘防毒技措,同时设计、同时施工、同时投产。”1978 年发布的《关于加强厂矿企业防尘防毒工作的报告》明确规定,“新的建设项目,要认真做到劳动保护设施主体工程同时设计、同时施工、同时投产”,“设计、制造新的生产设备,要有符合要求的安全卫生防护设施”。《中华人民共和国劳动法》第五十三条规定:“劳动安全卫生设施必须符合国家规定的标准。新建、改建、扩建工程的劳动安全卫生设施必须与主体工程同时设计、同时施工、同时投入生产和使用。”关于这方面的法律法规还有《中共中央关于认真做好劳动保护工作的通知》(1978 年)、《关于生产性建设工程项目职业安全卫生监督的暂行规定》(1988 年)、《建设项目(工程)竣工验收办法》(1990 年)、《建设项目(工程)职业安全卫生监督规定》(1996 年)、《建设项目(工程)职业安全卫生预评价管理办法》(1988 年)等。

七、安全生产监督制度

安全生产监督监察机构是国家授权特定行政机关设立的专门监督机构,以国家名义并利用国家行政权力对各行业安全生产工作实行统一监督。在我国,国家授权行政主管部门(国家安全生产监督管理总局)行使国家安全生产监督权。国家安全生产监督制度,由国家安全生产监督法规制度、监督组织机构和监督工作实践构成体系。这一体系还与企业事业单位及其主管部门的内部监督、工会组织的群众监督相结合。1978—1979 年,国务院责成有关部门着手进行锅炉、矿山安全的立法和监督工作,并于 1982 年 2 月颁布了《锅炉压力容器安全监督暂行条例》(已于 2003 年废止)。同年,国务院颁布了《矿山安全监察条例》。1983 年 5 月,国务院批转劳动人事部、国家经委、全国总工会《关于加强安全生产和劳动保护安全监督工作的报告》,同意对其他行业全面实行国家劳动安全监督制度和违章经济处罚办法。1996 年,劳动部颁布《建设项目(工程)职业安全卫生监督规定》，明确了任何建设项目（工程）必须接受职业安全卫生监督和验收。

八、工伤保险制度

1993 年，党的十四届三中全会通过《中共中央关于建立社会主义市场经济体制若干问题的决定》，提出了“普遍建立企业工伤保险制度”的要求。1996 年 10 月劳动部颁布了《企业职工工伤保险试行办法》，2003 年国务院颁布了《工伤保险条例》，标志着我国探索建立符合社会保险通行原则的工伤保险工作进入了新阶段。1996 年国家发布了《职工工伤与职业病致残程度鉴定标准》（GB/T 16180—1996），为工伤的鉴定提供了技术规范。目前我国的工伤保险制度，贯彻了工伤保险与事故预防相结合的指导思想和改革思路，把过去企业自管的被动的工伤补偿制度改革成社会化管理的工伤预防、工伤补偿、职业康复三项任务有机结合的新型工伤保险制度。2010 年国务院对《工伤保险条例》进行了修改，修订案自 2011 年 1 月 1 日起实施。《最高人民法院关于审理工伤保险行政案件若干问题的规定》（简称《规定》）已于 2014 年 9 月 1 日起施行，《规定》细化了工伤认定中的“工作原因、工作时间和工作场所”“因工外出期间”“上下班途中”等问题，还对双重劳动关系、派遣、指派、转包和挂靠关系五类特殊的工伤保险责任主体作了明确规定。《规定》第四条规定：“社会保险行政部门认定下列情形为工伤的，人民法院应予支持：（一）职工在工作时间和工作场所内受到伤害，用人单位或者社会保险行政部门没有证据证明是非工作原因导致的；（二）职工参加用人单位组织或者受用人单位指派参加其他单位组织的活动受到伤害的；（三）在工作时间内，职工来往于多个与其工作职责相关的工作场所之间的合理区域因工受到伤害的；（四）其他与履行工作职责相关，在工作时间及合理区域内受到伤害的。”《规定》第六条规定：“对社会保险行政部门认定下列情形为“上下班途中”的，人民法院应予支持：（一）在合理时间内往返于工作地与住所地、经常居住地、单位宿舍的合理路线的上下班途中；（二）在合理时间内往返于工作地与配偶、父母、子女居住地的合理路线的上下班途中；（三）从事属于日常工作生活所需要的活动，且在合理时间和合理路线的上下班途中；（四）在合理时间内其他合理路线的上下班途中。”

九、注册安全工程师执业资格制度

2002 年，人事部、国家安全生产监督管理局发布了《注册安全工程师执业资格制度暂行规定》和《注册安全工程师执业资格认定办法》，从而推行了我国的注册安全工程师执业资格制度，这一制度的实施对提高我国安全专业人员的专业素质水平发挥了重要的作用。为适应中小企业安全生产管理工作的实际需要，根据《国务院关于进一步加强安全生产工作的决定》的有关精神，经人事部、国家安全生产监督管理总局研究决定，在注册安全工程师制度中增设助理级资格。根据《中华人民共和国劳动法》的有关规定，为了进一步完善国家职业标准体系，为职业教育、职业培训和职业技能鉴定提供科学、规范的依据，劳动和社会保障部组织有关专家制定了《安全评价师国家职业标准（试行）》。

思 考 题

1. 第十二届全国人民代表大会常务委员会第十次会议通过了修改的《中华人民共和国安全生产法》，自2014年12月1日起施行。2014年修订的《安全生产法》的主要亮点是什么？

2. 安全生产法律法规的体系是指其制定的方式和外在的表现形式，即由何种国家机关，通过何种方式制定的，表现为何种法律法规的形式。不同的层次结构法律效力不同。我国安全生产法律法规体系主要有哪些层次？

第二章
安全生产法律责任

第一节　安全生产法律责任的构成要件

一、安全生产法律责任的构成要件

法律责任是指由于违法而应当承担的法律后果，主要包括民事法律责任、行政法律责任、刑事责任、违宪责任等。法律责任主要有责任主体、行为人过错、违法行为、损害后果、因果关系等五个构成要件。

（一）责任主体

违法行为的责任主体可以分为行政责任主体、民事责任主体和刑事责任主体。安全生产违法行为的责任主体主要是各级政府和对安全生产负有监管职责的有关部门、生产经营单位、生产经营单位的从业人员、安全生产中介机构等四类在安全生产法律关系中享受权利、承担义务的社会组织和公民，是安全生产法律责任的主体。

（二）行为人过错

《中华人民共和国安全生产法》第四条规定：生产经营单位必须遵守本法和其他有关安全生产的法律、法规，加强安全生产管理，建立、健全安全生产责任制度和安全生产规章制度，改善安全生产条件，推进安全生产标准化建设，提高安全生产水平，确保安全生产。

如果行为人对违反安全生产法律规范的行为存在过错，就应当承担相应的法律责任。

（三）违法行为

安全生产中的违法行为包括积极的行为和消极的行为。《安全生产法》第十七条规定：生产经营单位应当具备本法和有关法律、行政法规和国家标准或行业标准规定的安全生产条件；不具备安全生产条件的，不得从事生产经营活动。

（四）损害后果

行为人违反安全生产法律规范的不当行为会造成对公共财产或私人财产的损害。当然，损害并不是以实际损害的发生为条件，即使行为人违反安全生产法律规范的不当行为尚未造成严重后果，也应依法给予处罚。

(五) 因果关系

因果关系是指违法违约行为直接或间接导致了损害后果。违法行为是损害后果的原因，损害后果是违法行为的结果。

二、安全生产法律责任的形式

(一) 行政责任

安全生产违法的行政责任，是指责任主体因违反安全生产法律法规，由有关人民政府监察机关、上级机关、安全生产监督管理部门、公安机关等依法对其实施行政处罚的法律责任。

行政责任分为行政处分和行政处罚两类。行政处分是由所在单位或其上级机关对机关工作人员及由机关委派到企事业单位任职的人员的行政违法行为所给予的一种制裁；行政处罚是指行政机关及其他法律法规授权的组织对违反行政法律法规尚不构成犯罪的公民、法人及其他组织实施的一种制裁。

安全生产违法行为的刑事责任包括行政处分、责令限期改正、责令改正、责令停止建设或停产停业整顿、责令停止违法行为、罚款、没收违法所得、吊销证照、行政拘留、关闭等。

由《安全生产法》第八条规定可知，安全生产法律制度的目的就是规范政府的安全生产监督管理行为，由此决定了行政责任是安全生产法律责任的主要形式。

《安全生产法》第八十七条规定，对负有安全生产监督管理职责的部门的工作人员违反安全生产法律规范的行为给予降级或者撤职的行政处分。

《安全生产法》第八十九条规定：承担安全评价、认证、检测、检验工作的机构，出具虚假证明的，没收违法所得；违法所得在十万元以上的，并处违法所得二倍以上五倍以下的罚款；没有违法所得或者违法所得不足十万元的，单处或者并处十万元以上二十万元以下的罚款；对其直接负责的主管人员和其他直接责任人员处二万元以上五万元以下的罚款；给他人造成损害的，与生产经营单位承担连带赔偿责任；构成犯罪的，依照刑法有关规定追究刑事责任。

(二) 民事责任

安全生产违法的民事责任，是指责任主体违反安全生产法律规定给他人造成损害，侵害他人的民事权利，由人民法院依照民事法律强制其进行民事赔偿的法律责任。《安全生产法》和很多法律法规都规定了民事赔偿责任。

《安全生产法》第一百零三条规定：生产经营单位与从业人员订立协议，免除或者减轻其对从业人员因生产安全事故伤亡依法应承担的责任的，该协议无效；对生产经营单位的主要负责人、个人经营的投资人处二万元以上十万元以下的罚款。

《安全生产法》第一百一十一条规定：生产经营单位发生生产安全事故造成人员伤

亡、他人财产损失的，应当依法承担赔偿责任；拒不承担或者其负责人逃匿的，由人民法院依法强制执行。生产安全事故的责任人未依法承担赔偿责任，经人民法院依法采取执行措施后，仍不能对受害人给予足额赔偿的，应当继续履行赔偿义务；受害人发现责任人有其他财产的，可以随时请求人民法院执行。

（三）刑事责任

安全生产违法的刑事责任，是指责任主体违反安全生产法律法规，构成犯罪的，由司法机关依照刑法给予刑事处罚的法律责任。

由于在安全生产监管过程中经常有贪污、受贿、滥用职权、玩忽职守等违法行为发生，因此加强对刑事责任的追究刻不容缓。

《安全生产法》及其他安全生产的法律法规中都有刑事责任的条款，但在追究安全生产刑事责任方面，最终依据刑法的相关条款定罪。《中华人民共和国刑法》（简称《刑法》）和《最高人民法院、最高人民检察院关于办理危害生产安全刑事案件适用法律若干问题的解释》中列出了有关企业及从业者在安全生产中承担刑事责任的情形及相关风险点位。

第二节　《刑法》中有关安全生产刑事责任的规定

《中华人民共和国刑法》对安全生产刑事责任的规定主要有：重大责任事故罪，强令违章冒险作业罪，重大劳动安全事故罪，危险物品肇事罪，工程重大安全事故罪，消防责任事故罪，不报、谎报安全事故罪。

一、重大责任事故罪

《刑法》第一百三十四条第一款规定：在生产、作业中违反有关安全管理的规定，因而发生重大伤亡事故或者造成其他严重后果的，处三年以下有期徒刑或者拘役；情节特别恶劣的，处三年以上七年以下有期徒刑。

《最高人民法院、最高人民检察院关于办理危害生产安全刑事案件适用法律若干问题的解释》对此类刑事责任解释如下：

刑法第一百三十四条第一款规定的犯罪主体，包括对生产、作业负有组织、指挥或者管理职责的负责人、管理人员、实际控制人、投资人等人员，以及直接从事生产、作业的人员。

具有下列情形之一的，应当认定为“造成严重后果”或者“发生重大伤亡事故或者造成其他严重后果”，对相关责任人员，处三年以下有期徒刑或者拘役：

（一）造成死亡一人以上，或者重伤三人以上的；

（二）造成直接经济损失一百万元以上的；

（三）其他造成严重后果或者重大安全事故的情形。

具有下列情形之一的，对相关责任人员，处三年以上七年以下有期徒刑：

（一）造成死亡三人以上或者重伤十人以上，负事故主要责任的；

（二）造成直接经济损失五百万元以上，负事故主要责任的；

（三）其他造成特别严重后果、情节特别恶劣或者后果特别严重的情形。

二、强令违章冒险作业罪

《刑法》第一百三十四条第二款规定：强令他人违章冒险作业，因而发生重大伤亡事故或者造成其他严重后果的，处五年以下有期徒刑或者拘役；情节特别恶劣的，处五年以上有期徒刑。

《最高人民法院、最高人民检察院关于办理危害生产安全刑事案件适用法律若干问题的解释》对此类刑事责任解释如下：

刑法第一百三十四条第二款规定的犯罪主体，包括对生产、作业负有组织、指挥或者管理职责的负责人、管理人员、实际控制人、投资人等人员。

明知存在事故隐患、继续作业存在危险，仍然违反有关安全管理的规定，实施下列行为之一的，应当认定为“强令他人违章冒险作业”：

（一）利用组织、指挥、管理职权，强制他人违章作业的；

（二）采取威逼、胁迫、恐吓等手段，强制他人违章作业的；

（三）故意掩盖事故隐患，组织他人违章作业的；

（四）其他强令他人违章作业的行为。

发生安全事故，具有“造成死亡一人以上，或者重伤三人以上的”规定情形的，应当认定为“发生重大伤亡事故或者造成其他严重后果”，对相关责任人员，处五年以下有期徒刑或者拘役。

发生安全事故，具有“造成死亡三人以上或者重伤十人以上，负事故主要责任的”规定情形的，对相关责任人员，处五年以上有期徒刑。

三、重大劳动安全事故罪

《刑法》第一百三十五条规定：安全生产设施或者安全生产条件不符合国家规定，因而发生重大伤亡事故或者造成其他严重后果的，对直接负责的主管人员和其他直接责任人员，处三年以下有期徒刑或者拘役；情节特别恶劣的，处三年以上七年以下有期徒刑。

《最高人民法院、最高人民检察院关于办理危害生产安全刑事案件适用法律若干问题的解释》对此类刑事责任解释如下：

刑法第一百三十五条规定的“直接负责的主管人员和其他直接责任人员”，是指对安全生产设施或者安全生产条件不符合国家规定负有直接责任的生产经营单位负责人、管理人员、实际控制人、投资人，以及其他对安全生产设施或者安全生产条件负有管理、维护职责的人员。

具有下列情形之一的，应当认定为“造成严重后果”或者“发生重大伤亡事故或者造成其他严重后果”，对相关责任人员，处三年以下有期徒刑或者拘役：

（一）造成死亡一人以上，或者重伤三人以上的；

（二）造成直接经济损失一百万元以上的；

（三）其他造成严重后果或者重大安全事故的情形。

具有下列情形之一的，对相关责任人员，处三年以上七年以下有期徒刑：

（一）造成死亡三人以上或者重伤十人以上，负事故主要责任的；

（二）造成直接经济损失五百万元以上，负事故主要责任的；

（三）其他造成特别严重后果、情节特别恶劣或者后果特别严重的情形。

四、危险物品肇事罪

《刑法》第一百三十六条规定：违反爆炸性、易燃性、放射性、毒害性、腐蚀性物品的管理规定，在生产、储存、运输、使用中发生重大事故，造成严重后果的，处三年以下有期徒刑或者拘役；后果特别严重的，处三年以上七年以下有期徒刑。

根据《最高人民法院、最高人民检察院关于办理危害生产安全刑事案件适用法律若干问题的解释》，具有下列情形之一的，应当认定为“造成严重后果”或者“发生重大伤亡事故或者造成其他严重后果”，对相关责任人员，处三年以下有期徒刑或者拘役：

（一）造成死亡一人以上，或者重伤三人以上的；

（二）造成直接经济损失一百万元以上的；

（三）其他造成严重后果或者重大安全事故的情形。

具有下列情形之一的，对相关责任人员，处三年以上七年以下有期徒刑：

（一）造成死亡三人以上或者重伤十人以上，负事故主要责任的；

（二）造成直接经济损失五百万元以上，负事故主要责任的；

（三）其他造成特别严重后果、情节特别恶劣或者后果特别严重的情形。

五、工程重大安全事故罪

《刑法》第一百三十七条规定：建设单位、设计单位、施工单位、工程监理单位违反国家规定，降低工程质量标准，造成重大安全事故的，对直接责任人员，处五年以下有期徒刑或者拘役，并处罚金；后果特别严重的，处五年以上十年以下有期徒刑，并处罚金。

《最高人民法院、最高人民检察院关于办理危害生产安全刑事案件适用法律若干问题的解释》对此类刑事解释如下：

发生安全事故，具有“造成死亡一人以上，或者重伤三人以上的”规定情形的，应当认定为“造成重大安全事故”，对直接责任人员，处五年以下有期徒刑或者拘役，并处罚金。

发生安全事故，具有“造成死亡三人以上或者重伤十人以上，负事故主要责任的”规定情形的，对直接责任人员，处五年以上十年以下有期徒刑，并处罚金。

六、消防责任事故罪

《刑法》第一百三十九条规定：违反消防管理法规，经消防监督机构通知采取改正措施而拒绝执行，造成严重后果的，对直接责任人员，处三年以下有期徒刑或者拘役；后果特别严重的，处三年以上七年以下有期徒刑。

根据《最高人民法院、最高人民检察院关于办理危害生产安全刑事案件适用法律若干问题的解释》，具有下列情形之一的，应当认定为“造成严重后果”或者“发生重大伤亡事故或者造成其他严重后果”，对相关责任人员，处三年以下有期徒刑或者拘役：

（一）造成死亡一人以上，或者重伤三人以上的；

（二）造成直接经济损失一百万元以上的；

（三）其他造成严重后果或者重大安全事故的情形。

具有下列情形之一的，对相关责任人员，处三年以上七年以下有期徒刑：

（一）造成死亡三人以上或者重伤十人以上，负事故主要责任的；

（二）造成直接经济损失五百万元以上，负事故主要责任的；

（三）其他造成特别严重后果、情节特别恶劣或者后果特别严重的情形。

七、不报、谎报安全事故罪

《刑法》第一百三十九条之一规定：在安全事故发生后，负有报告职责的人员不报或者谎报事故情况，贻误事故抢救，情节严重的，处三年以下有期徒刑或者拘役；情节特别严重的，处三年以上七年以下有期徒刑。

《最高人民法院、最高人民检察院关于办理危害生产安全刑事案件适用法律若干问题的解释》对此类刑事解释如下：

刑法第一百三十九条之一规定的“负有报告职责的人员”，是指负有组织、指挥或者管理职责的负责人、管理人员、实际控制人、投资人，以及其他负有报告职责的人员。

具有下列情形之一的，应当认定为刑法第一百三十九条之一规定的“情节严重”：

（一）导致事故后果扩大，增加死亡一人以上，或者增加重伤三人以上，或者增加直接经济损失一百万元以上的；

（二）实施下列行为之一，致使不能及时有效开展事故抢救的：

1. 决定不报、迟报、谎报事故情况或者指使、串通有关人员不报、迟报、谎报事故情况的；

2. 在事故抢救期间擅离职守或者逃匿的；

3. 伪造、破坏事故现场，或者转移、藏匿、毁灭遇难人员尸体，或者转移、藏匿受伤人员的；

4. 毁灭、伪造、隐匿与事故有关的图纸、记录、计算机数据等资料以及其他证据的；

（三）其他情节严重的情形。

具有下列情形之一的，应当认定为刑法第一百三十九条之一规定的“情节特别严重”：

（一）导致事故后果扩大，增加死亡三人以上，或者增加重伤十人以上，或者增加直接经济损失五百万元以上的；

（二）采用暴力、胁迫、命令等方式阻止他人报告事故情况，导致事故后果扩大的；

（三）其他情节特别严重的情形。

第三节　其他规定

《最高人民法院、最高人民检察院关于办理危害生产安全刑事案件适用法律若干问题的解释》还作出了如下相关解释：

在安全事故发生后，与负有报告职责的人员串通，不报或者谎报事故情况，贻误事故抢救，情节严重的，依照刑法第一百三十九条之一的规定，以共犯论处。

在安全事故发生后，直接负责的主管人员和其他直接责任人员故意阻挠开展抢救，导致人员死亡或者重伤，或者为了逃避法律追究，对被害人进行隐藏、遗弃，致使被害人因无法得到救助而死亡或者重度残疾的，分别依照刑法第二百三十二条、第二百三十四条的规定，以故意杀人罪或者故意伤害罪定罪处罚。

实施刑法第一百三十二条、第一百三十四条至第一百三十九条之一规定的犯罪行为，具有下列情形之一的，从重处罚：

（一）未依法取得安全许可证件或者安全许可证件过期、被暂扣、吊销、注销后从事生产经营活动的；

（二）关闭、破坏必要的安全监控和报警设备的；

（三）已经发现事故隐患，经有关部门或者个人提出后，仍不采取措施的；

（四）一年内曾因危害生产安全违法犯罪活动受过行政处罚或者刑事处罚的；

（五）采取弄虚作假、行贿等手段，故意逃避、阻挠负有安全监督管理职责的部门实施监督检查的；

（六）安全事故发生后转移财产意图逃避承担责任的；

（七）其他从重处罚的情形。

实施刑法第一百三十二条、第一百三十四条至第一百三十九条之一规定的犯罪行为，在安全事故发生后积极组织、参与事故抢救，或者积极配合调查、主动赔偿损失的，可以酌情从轻处罚。

思 考 题

如何针对严重程度不同的安全生产事故进行责任认定？

第三章
安全生产相关条例

第一节　煤矿安全监察条例

《煤矿安全监察条例》(2000 年 11 月 7 日国务院令第 296 号公布，自 2000 年 12 月 1 日起施行，根据 2013 年 7 月 18 日《国务院关于废止和修改部分行政法规的决定》修订)共 5 章，50 条，包括：总则(7 条)、煤矿安全监察机构及其职责(12 条)、煤矿安全监察内容(15 条)、罚则(14 条)、附则(2 条)。《煤矿安全监察条例》的立法目的是保障煤矿安全，规范煤矿安全监察工作，保护煤矿职工人身安全和身体健康。

我国是世界主要煤炭生产国和消耗国，煤炭是我国的主要能源，煤炭工业是重要的基础产业。在党和政府的领导下，经过多年的安全专项整治，我国煤矿安全状况明显好转，但由于大多数煤矿规模较小、安全生产条件差、从业人员素质低、安全投入严重不足和安全管理不到位，我国煤矿安全形势十分严峻。煤矿企业事故的死亡人数在我国工矿商贸企业和矿山企业中占比较高。煤矿事故高发的主要原因之一就是煤矿安全监督管理体制不健全。为了从体制上、组织上加强煤矿安全监督管理，国务院于 1999 年 12 月设立国家煤矿安全监察局，当时在全国 20 个主要产煤的省、自治区、直辖市设立煤矿安全监察局，在 68 个大中型煤矿矿区设立煤矿安全监察办事处。三级煤矿安全监察机构实行由国家与省双重领导、以国家为主的管理体制，由国家煤矿安全监察局垂直领导。

为了进一步完善煤矿安全监督管理体制，2005 年 1 月国务院增设 5 个省级煤矿安全监察局，将煤矿安全监察办事处改为地区煤矿安全监察分局，并对煤矿安全监察与地方煤矿安全监督管理的职责作出了分工。作为负责煤矿安全监察的专门行政执法机构，各级煤矿安全监察机构必须依法行政，煤矿安全监察必须有法可依。因此，有必要通过法律形式确定煤矿安全监察机构的地位、职责和煤矿安全监察内容，将煤矿安全监察纳入法制轨道。

一、煤矿安全监察的主要内容

（一）煤矿安全生产责任制

煤矿安全监察机构发现煤矿未依法建立安全生产责任制的，应当责令限期改正。

（二）矿长安全任职资格

煤矿安全监察机构发现煤矿矿长不具备安全专业知识的，应当责令限期改正。

（三）安全技术措施费的提取和使用

煤矿安全监察机构对煤矿安全技术措施专项费用的提取和使用情况进行监督，对未依法提取或者使用的，应当责令限期改正。

（四）安全设施设计审查

煤矿建设工程设计必须符合煤矿安全规程和行业技术规范的要求。煤矿建设工程安全设施设计必须经煤矿安全监察机构审查同意；未经审查同意的，不得施工。煤矿安全监察机构审查煤矿建设工程安全设施设计，应当自收到申请审查的设计资料之日起30日内审查完毕，签署同意或者不同意的意见，并书面答复。

（五）安全设施验收和安全条件审查

煤矿建设工程竣工后或者投产前，应当经煤矿安全监察机构对其安全设施和条件进行验收；未经验收或者验收不合格的，不得投入生产。煤矿安全监察机构对煤矿建设工程安全设施和条件进行验收，应当自收到申请验收文件之日起30日内验收完毕，签署合格或者不合格的意见，并书面答复。

（六）作业现场检查和复查

（1）煤矿安全监察机构发现煤矿矿井通风、防火、防水、防瓦斯、防毒、防尘等安全设施和条件不符合国家安全标准、行业安全标准、煤矿安全规程和行业技术规范要求的，应当责令立即停止作业或者责令限期达到要求。

（2）煤矿安全监察机构发现作业场所有未使用专用防爆电器设备、专用放炮器、人员专用升降容器、使用明火明电照明等违法行为的，应当责令立即停止作业，限期改正；有关煤矿或者其作业场所经复查合格的，方可恢复作业。

（3）煤矿安全监察机构依照《煤矿安全监察条例》的规定责令煤矿限期解决事故隐患、限期改正影响煤矿安全的违法行为或者限期使安全设施和条件达到要求的，应当在限期届满时及时对煤矿执行情况进行复查并签署复查意见；经有关煤矿申请，也可以在限期内进行复查并签署复查意见。煤矿安全监察机构及其煤矿安全监察人员依照《煤矿安全监察条例》的规定责令煤矿立即停止作业，责令立即停止使用不符合国家安全标准或者行业安全标准的设备、器材、仪器、仪表、防护用品，或者责令关闭矿井的，应当对煤矿的执行情况随时进行检查。

（七）专用设备监督检查

煤矿安全监察机构发现煤矿矿井使用的设备、器材、仪器、仪表、防护用品不符合国家安全标准或者行业安全标准的，应当责令立即停止使用。

二、煤矿事故调查处理的规定

（一）煤矿安全监察机构

煤矿发生伤亡事故的，由煤矿安全监察机构负责组织调查处理。

（二）事故调查程序和处理办法

煤矿安全监察机构组织调查处理事故，应当依照国家规定的事故调查程序和处理办法进行。

三、煤矿安全违法行为应负的法律责任

（一）吊销采矿许可证和煤炭生产许可证

煤矿建设工程安全设施设计未经煤矿安全监察机构审查同意，擅自施工的，由煤矿安全监察机构责令停止施工；拒不执行的，由煤矿安全监察机构移送地质矿产主管部门依法吊销采矿许可证。煤矿建设工程安全设施和条件未经验收或者验收不合格，擅自投入生产的，由煤矿安全监察机构责令停止生产，处 5 万元以上 10 万元以下的罚款；拒不停止生产的，由煤矿安全监察机构移送地质矿产主管部门依法吊销采矿许可证。煤矿矿井通风、防火、防水、防瓦斯、防毒、防尘等安全设施和条件不符合国家安全标准、行业安全标准、煤矿安全规程和行业技术规范的要求，经煤矿安全监察机构责令限期达到要求，逾期仍达不到要求的，由煤矿安全监察机构责令停产整顿；经停产整顿仍不具备安全生产条件的，由煤矿安全监察机构决定吊销煤炭生产许可证，并移送地质矿产主管部门依法吊销采矿许可证。

（二）吊销营业执照

被吊销采矿许可证的，由工商行政管理部门依法吊销相应的营业执照。

（三）矿长、特种作业人员无证上岗的处罚

煤矿矿长不具备安全专业知识，或者特种作业人员未取得操作资格证书上岗作业，经煤矿安全监察机构责令限期改正，逾期不改正的，责令停产整顿；调整配备合格人员并经复查合格后，方可恢复生产。煤矿分配职工上岗作业前未进行安全教育、培训，经煤矿安全监察机构责令限期改正；逾期不改正的，由煤矿安全监察机构处 4 万元以下的罚款；情节严重的，由煤矿安全监察机构责令停产整顿；对直接负责的主管人员和其他直接责任人员，依法给予纪律处分。

（四）拒绝检查、提供虚假情况和隐瞒事故隐患的处罚

煤矿有关人员拒绝、阻碍煤矿安全监察机构及其安全监察人员现场检查，或者提供虚假情况，或者隐瞒存在的事故隐患以及其他安全问题的，由煤矿安全监察机构给予警告，可以并处 5 万元以上 10 万元以下的罚款；情节严重的，由煤矿安全监察机构责令停产整顿；对直接负责的主管人员和其他直接责任人员，依法给予撤职直至开除的纪律处分。

(五) 妨碍事故调查处理的处罚

煤矿发生事故,有不按规定及时、如实报告煤矿事故,伪造、故意破坏煤矿事故现场,阻碍、干涉煤矿事故调查工作,拒绝接受调查取证、提供有关情况和资料的,由煤矿安全监察机构给予警告,可以并处 3 万元以上 15 万元以下的罚款;情节严重的,由煤矿安全监察机构责令停产整顿;对直接负责的主管人员和其他直接责任人员,依法给予降级直至开除的纪律处分;构成犯罪的,依法追究刑事责任。

(六) 安全监察人员违法行政的处罚

煤矿安全监察人员滥用职权、玩忽职守、徇私舞弊,应当发现而没有发现煤矿事故隐患或者影响煤矿安全的违法行为,或者发现煤矿事故隐患或者影响煤矿安全的违法行为不及时处理或者报告,或者有违反《煤矿安全监察条例》第十九条规定行为之一,构成犯罪的,依法追究刑事责任;尚不构成犯罪的,依法给予行政处分。

第二节　矿山安全监察条例

《中华人民共和国矿山安全法》于 1992 年 11 月 7 日经第七届全国人民代表大会常务委员会第二十八次会议审议通过,根据 2009 年 8 月 27 日中华人民共和国主席令第 18 号《全国人民代表大会常务委员会关于修改部分法律的决定》修正,自公布之日起施行。《矿山安全法》共 8 章,50 条,包括:总则(6 条)、矿山建设的安全保障(6 条)、矿山开采的安全保障(7 条)、矿山企业的安全管理(13 条)、矿山安全的监督和管理(3 条)、矿山事故处理(4 条)、法律责任(9 条)、附则(2 条)。

《矿山安全法》的立法宗旨是保障矿山生产安全,防止矿山事故,保护矿山职工人身安全,促进采矿业的发展。

一、矿山安全法概况

矿山是指在依法批准的矿区范围内从事矿产资源开采活动的场所及其附属设施。矿产资源开采活动是指在依法批准的矿区范围内从事矿产资源勘探和矿山建设、生产、闭坑及有关活动。《矿山安全法》是调整在矿山建设、生产、闭坑及监督管理等活动中产生的有关矿山安全的各种社会关系的法律规范。国务院劳动行政主管部门对全国矿山安全工作实施统一监督。县级以上地方各级人民政府劳动行政主管部门对本行政区域内的矿山安全工作实施统一监督。县级以上人民政府管理矿山企业的主管部门对矿山安全工作进行管理。

《矿山安全法》的指导思想是:① 坚持保护矿工生命安全的宗旨。《矿山安全法》处处体现"安全第一、预防为主、综合治理"原则,要求一切采矿活动都必须保证矿山职工的生命安全。② 认真总结中华人民共和国成立以来矿山安全工作的经验和教训,从实际出发,强化矿山安全的监督和管理,将国家监察与群众监督结合起来。③ 突出矿山企业及其主管人员的安全责任。在矿山安全与人的关系中，主要方面是人，企业的主管人员的责任尤其重大。企业主管人员要对企业的安全生产尽职尽责，要建立健全各级安全生产责任制。

二、矿山建设的安全保障

(一) 矿山建设工程安全设施的保障

矿山建设工程的安全设施必须与主体工程同时设计、同时施工、同时投入生产和使用。

(二) 矿山建设工程设计的保障

(1) 矿山建设工程的设计文件，必须符合矿山安全规程和行业技术规范。其中，特别强调：① 矿井的通风系统和供风量、风质、风速，露天矿的边坡角和台阶的宽度、高度，供电系统；提升、运输系统，防水、排水系统和防火、灭火系统，防瓦斯系统和防尘系统等项目的设计，必须符合矿山安全规程和行业技术规范。② 每个矿井必须有两个以上能行人的安全出口，出口之间的直线水平距离必须符合矿山安全规程和行业技术规范。③ 矿山必须有与外界相通的、符合安全要求的运输和通讯设施。

(2) 矿山建设工程的设计文件不符合矿山安全规程和行业技术规范的，管理矿山企业的主管部门不得批准。矿山建设工程安全设施的设计必须有劳动行政主管部门参加审查。

(三) 矿山建设工程施工与竣工验收保障

矿山建设工程必须按照管理矿山企业的主管部门批准的设计文件施工。矿山建设工程安全设施竣工后，由管理矿山企业的主管部门验收，并须有劳动行政主管部门参加。不符合矿山安全规程和行业技术规范的，不得验收，不得投入生产。

三、矿山开采的安全保障

(一) 具备保障安全生产的条件

具备安全生产条件是矿山企业从事矿山开采的前提，只有具备了相关法律、行政法规或者部门规章规定的安全生产条件，才能取得生产许可证和安全生产许可证。

(二) 严格执行矿山安全规程和行业技术规范

矿山开采必须执行开采不同矿种的矿山安全规程和行业技术规范。矿山企业应当在采矿许可证批准的范围内开采，禁止越层、越界开采。矿山设计规定保留的矿柱、岩柱，在规定的期限内，应当予以保护，不得开采或者毁坏。

(三) 各种设备、器材、防护用品和安全检测仪器符合标准

矿山使用的有特殊安全要求的设备、器材、防护用品和安全检测仪器，必须符合国家安全标准或者行业安全标准；否则，不得使用。上述设备、器材、防护用品和安全检测仪器主要有：① 采掘、支护、装载、运输、提升、通风、排水、瓦斯抽放、压缩空气和起重设备；② 电动机、变压器、配电柜、电器开关、电控装置；③ 爆破材料、通信器材、矿灯、电缆、钢丝

绳、支护材料、防火材料;④ 各种安全卫生检测仪器仪表;⑤ 自救器、安全帽、防尘口罩或面罩、防护服、防护鞋等防护用品和自救设备。

(四) 机电设备及其防护装置、安全检测仪器的检查维修与操作

矿山企业必须对机电设备及其防护装置、安全检测仪器,定期检查、维修,保证使用安全。非负责设备运行的人员,不得操作设备。非值班电气人员,不得进行电气作业。操作电气设备的人员,应当有可靠的绝缘保护。检修电气设备时,不得带电作业。

(五) 作业场所环境质量符合安全要求

矿山企业必须对作业场所中的有毒有害物质和井下空气含氧量进行检测,保证符合要求。粉尘作业地点,每月至少检测 2 次;放射性物质作业地点,每月至少检测 3 次。采掘工作面进风风流中,按照体积计算,氧气不得低于 20%。

(六) 安全事故隐患或危害采取预防措施

(1) 矿山企业对冒顶、片帮、边坡滑落和地表塌陷,瓦斯爆炸和煤尘爆炸,冲击地压、瓦斯突出和井喷,地面和井下的火灾、水灾,爆破器材和爆破作业发生的危害,粉尘、有毒有害气体、放射性物质和其他有害物质引起的危害等事故隐患必须采取预防措施。

(2) 矿山企业对使用机械设备、电气设备、排土场、矸石山、尾矿库和矿山闭坑后可能引起的危害,应当采取预防措施。

第三节　建设工程安全生产管理条例

1996 年,原建设部起草了《建设工程安全生产管理条例》上报国务院,之后结合《中华人民共和国建筑法》(简称《建筑法》)、《安全生产法》、《中华人民共和国招标投标法》、《建设工程质量管理条例》等法律、法规作了相应修改。《建设工程安全生产管理条例》于 2003 年 11 月 12 日由国务院第 28 次常务会议讨论通过,2003 年 11 月 24 日以国务院令第 393 号予以公布,2004 年 2 月 1 日起正式施行。其主要内容包括:总则(5 条),建设单位的安全责任(6 条),勘察、设计、工程监理及其他有关单位的安全责任(8 条),施工单位的安全责任(19 条),监督管理(8 条),生产安全事故的应急救援和调查处理(6 条),法律责任(16 条),附则(3 条)。

《建设工程安全生产管理条例》确立了有关建设工程安全生产监督管理的基本制度,明确了参与建设活动各方主体的安全责任,确保了施工作业人员安全与健康的合法权益,为维护建筑市场秩序,促进建筑业的健康、快速、持续发展提供了重要的法律依据。《建设工程安全生产管理条例》是我国第一部规范建设工程安全生产的行政法规,是在全面总结我国建设工程安全管理的实践经验,借鉴发达国家成熟做法的基础上制定的。该条例对建设活动各方主体的安全责任、政府监督管理、生产安全事故的应急救援和调查处理以及相应的法律责任作了明确规定,确立了一系列符合中国特色社会主义市场经济要求的建

设工程安全管理制度，是工程建设领域贯彻落实《建筑法》和《安全生产法》的具体表现，标志着我国建设工程安全生产管理进入法制化、规范化发展的新时期。条例的颁布实施，对于规范和增强建设工程各方主体的安全行为和安全责任意识，强化和提高政府安全监管水平和依法行政能力，保障从业人员和广大人民群众的生命财产安全，具有十分深远的意义。

在法律层面上，《安全生产法》和《建筑法》是构建建设工程安全生产法律法规的两大基础，此外还包括其他有关建设工程安全生产的法律。在行政法规层面上，《建设工程安全生产管理条例》是主要的行政法规。

一、《安全生产法》

《安全生产法》由全国人大常委会于2002年颁布施行，于2014年进行了修改。它是我国第一部全面规范安全生产的专门法律，是我国安全生产的主体法。如果说2002年版《安全生产法》是中国安全生产立法史上的第一座里程碑，那么2014年修改施行的《安全生产法》，以党中央倡导“发展决不能以牺牲人的生命为代价”的安全生产治理理念为核心，强化了以人为本、安全发展理念，突出了预防为主、综合治理原则，从加强预防、强化安全生产主体责任、加强隐患排查、完善监管、加大违法惩处力度等方面，进一步明确了企业和政府两个主体的责任，增强了法律的可操作性，应当被誉为中国安全生产立法史上的第二座里程碑。《安全生产法》着眼于解决安全生产现实问题和发展要求，主要内容有：

(1) 明确了安全生产工作应当以人为本、安全发展。

(2) 明确了“安全第一、预防为主、综合治理”的安全生产方针。

(3) 明确了“生产经营单位负责、职工参与、政府监管、行业自律、社会监督”的工作机制。

(4) 按照安全生产“管行业必须管安全、管业务必须管安全、管生产经营必须管安全”的要求，一是规定国务院和县级以上地方人民政府应当建立健全安全生产工作协调机制，及时协调、解决安全生产监督管理中的重大问题。二是明确各级政府安全生产监督管理部门实施综合监督管理，有关部门在各自职责范围内对有关“行业、领域”的安全生产工作实施监督管理。三是明确各级安全生产监督管理部门和其他负有安全生产监督管理职责的部门作为行政执法部门，特别是强化乡镇人民政府以及街道办事处、开发区管理机构安全生产职责。各级政府和部门必须依法开展安全生产行政执法工作，对生产经营单位执行法律、法规、国家标准或者行业标准的情况进行监督检查。

(5) 确定了安全生产的基本法律制度，主要包括安全生产监督管理制度、生产经营单位安全保障制度、从业人员安全生产权利义务制度、生产经营单位负责人安全责任制度、安全中介服务制度、安全生产责任追究制度以及事故应急救援和调查处理制度、严重危及生产安全的工艺和设备淘汰制度、生产安全事故隐患排查治理制度等。

(6) 明确了对安全生产负有责任的各方主体，包括以下四个负有责任的主体：监管部门、生产经营单位、中介机构和从业人员。

(7) 明确生产经营单位安全生产管理机构、人员的设置、配备标准和工作职责。一是明确建筑施工企业应当设置安全生产管理机构或者配备专职安全生产管理人员，将设置专门机构或者配备专职人员的从业人员下限由300人调整为100人。二是规定了安全生产管理机构以及管理人员的职责，主要包括拟定本单位安全生产规章制度、操作规程、应急救援预案，组织宣传贯彻安全生产法律、法规；组织安全生产教育和培训，制止和纠正违章指挥、强令冒险作业、违反操作规程的行为，督促落实本单位安全生产整改措施等。三是明确生产经营单位作出涉及安全生产的经营决策，应当听取安全生产管理机构以及安全生产管理人员的意见。

(8) 明确了从业人员的权利和义务。

① 明确了从业人员的八种权利：知情权，建议权，批评权和检举、控告权，拒绝权，紧急避险权，要求赔偿的权利，获得劳动防护用品的权利，获得安全生产教育和培训的权利。

② 明确了从业人员的三项义务：自律遵规的义务、自觉学习安全生产知识的义务和危险报告义务。

③ 规定生产经营单位应当将被派遣劳动者纳入本单位从业人员统一管理，对被派遣劳动者进行岗位安全操作规程和安全操作技能的教育和培训。劳务派遣单位应当对被派遣劳动者进行必要的安全生产教育和培训。

(9) 建立事故隐患排查治理制度，把加强事前预防、强化隐患排查治理作为一项重要内容。一是生产经营单位必须建立事故隐患排查治理制度，采取技术、管理措施消除事故隐患。二是政府有关部门要建立健全重大事故隐患治理督办制度，督促生产经营单位消除重大事故隐患。三是对未建立隐患排查治理制度、未采取有效措施消除事故隐患的行为，设定了严格的行政处罚。

(10) 推进安全生产标准化建设。明确生产经营单位应当推进安全生产标准化工作，提高本质安全生产水平。

二、《建筑法》

《建筑法》由第八届全国人大常委会于1997年11月1日颁布，自1998年3月1日起施行，2011年第一次修正，根据2019年4月23日第十三届全国人民代表大会常务委员会第十次会议通过的《关于修改〈中华人民共和国建筑法〉等八部法律的决定》第二次修正。《建筑法》是我国第一部规范建筑活动的部门法，对影响建筑工程质量和安全的各方面因素作了较为全面的规范，从6个方面对建筑安全生产管理提出了要求。

(1) 建立安全生产责任制度。安全生产责任制度是贯彻落实安全生产方针的具体体现，是建筑安全生产管理的基本制度。在建筑活动中，只有明确安全责任、分工负责，才能形成完整有效的安全管理体系，激发每个人的安全责任感，严格执行建筑工程安全的法律、法规和安全规程、技术规范，防患于未然，减少甚至杜绝建筑工程事故的发生，为建筑

基本框架是：以《宪法》为基础、交通运输法律为龙头、交通运输行政法规为骨干、交通运输行政规章为补充的纵横相结合的系统。

一、交通运输法律

(一)《铁路法》

《中华人民共和国铁路法》(简称《铁路法》)是我国管理铁路的第一部法律，1990 年 9 月 7 日由第七届全国人大常委会第十五次会议通过，自 1991 年 5 月 1 日起开始施行，据 2015 年 4 月 24 日第十二届全国人民代表大会常务委员会第十四次会议《全国人民代表大会常务委员会关于修改〈中华人民共和国义务教育法〉等五部法律的决定》第二次修正，是进行铁路运输和建设的基本法律，铁路运输的一切法规都应以它为基础，且内容不得与之相违背。《铁路法》中专门规定了以下“铁路安全与保护”方面的法律问题：

(1) 铁路运输设施的安全保障。

(2) 铁路路基的安全保护。

(3) 旅客列车和车站的安全保障。

(4) 铁路行车安全和事故的处理。

(5) 铁路运输企业对危害铁路行车安全行为的处理；社会各部门、公民对确保运输安全的要求及处理办法。

(6) 铁路沿线环境保护等。

《铁路法》针对危害峡路运输安全的违法行为，规定了相应的行政责任、刑事责任和民事责任。铁路运输部门凡属违反安全运输原则，造成人身伤亡或货物损失的，均须追究法律责任。《铁路法》的贯彻实施，对安全生产起到了积极的作用。

(二)《刑法》

《刑法》中有以下与安全生产相关的条文：

(1) 第一百一十六条规定：破坏火车、汽车、电车、船只、航空器，足以使火车、汽车、电车、船只、航空器发生倾覆、毁坏危险，尚未造成严重后果的，处以三年以上十年以下有期徒刑。

(2) 第一百一十七条规定：破坏轨道、桥梁、隧道、公路、机场、航道、灯塔、标志或者进行其他破坏活动，足以使火车、汽车、电车、船只、航空器发生倾覆、毁坏危险，尚未造成严重后果的，处三年以上十年以下有期徒刑。

(3) 第一百一十九条规定：破坏交通工具、交通设施、电力设备、燃气设备、易燃易爆设备，造成严重后果的，处十年以上有期徒刑、无期徒刑或者死刑。

(4) 第一百三十二条规定：铁路职工违反规章制度，致使发生铁路运营安全事故，造成严重后果的，处三年以下有期徒刑或者拘役；造成特别严重后果的，处三年以上七年以下有期徒刑。

(5) 第一百三十三条规定：违反交通运输管理法规，因而发生重大事故，致人重伤、死亡或者使公私财产遭受重大损失的，处以三年以下有期徒刑或者拘役；交通运输肇事后逃逸或者有其他特别恶劣情节的，处三年以上七年以下有期徒刑；因逃逸致人死亡的，处七年以上有期徒刑。

二、交通运输行政法规

按照《宪法》的规定，国务院有权根据有关交通运输法律和行政管理的需要，制定各类交通运输方面的行政法规，以保证交通运输行政管理活动能够顺利进行。这方面的法规在交通运输法规体系中占有很重要的位置。保障铁路运输安全的法规主要有以下两种：

（1）《危险化学品安全管理条例》等，均由国务院发布执行，对制定《铁路危险货物运输管理规则》起着重要的指导作用。

（2）《国务院关于特大安全事故行政责任追究的规定》（2001 年国务院公布实施）。

三、安全生产规定、规则、条例

（一）铁路技术管理方面的规则

《铁路技术管理规程》（简称《技规》）是我国铁路技术管理的基本法规和安全管理的基本依据，第一版《技规》于 1950 年 1 月出版。随着中国铁路的不断发展，《技规》于 1954 年、1956 年、1960 年、1964 年、1972 年、1983 年、1992 年、1999 年、2006 年历经九次修订。《技规》规定了铁路各部门、各单位从事运输生产时必须遵循的基本原则、工作方法、作业程序和相互关系，确定了铁路技术设备的基本要求和标准，明确了铁路工作人员的主要职责和必须具备的基本条件。各铁路局应根据管内技术设备、作业方法等具体情况，按《技规》的总体要求，制定相应的实施细则如《行车组织规则》《车站行车工作细则》等，作为《技规》的补充。

（二）铁路货物运输安全方面的规则

（1）《铁路货物运输规程》（简称《货规》），由铁道部于 1952 年制定，后经多次修改，现行《货规》是 1991 年公布实行的。

（2）《铁路货物运输管理规则》（简称《管规》），现行《管规》由铁道部重新修订颁发，于 2000 年 11 月 1 日起公布实行。

（3）《铁路交通事故调查处理规则》，于 2007 年 8 月 28 日由铁道部令第 30 号公布，自 2007 年 9 月 1 日起施行。

（4）《铁路货物装载加固规则》（简称《加规》），现行《加规》集纳了中国铁路货物装载加固实践经验与理论研究成果，于 1995 年公布实行。

（三）铁路安全管理方面的制度

（1）铁路货场管理制度（包括人员出入、车辆出入等管理制度）。

（2）铁路货场、仓库、油库的防火、防爆制度。

（3）铁路的安全用电管理制度（包括电气设备、电气操作规程、电气操作制度等）。

（4）铁路各种机械设备的安全操作制度（包括维修保养制度、专人管理制度等）。

(5) 铁路各种锅炉及各种压力容器使用管理制度(包括定期检验、检查、保养等)。

第五节　特种设备安全监察条例

《特种设备安全监察条例》(国务院令第373号)于2003年3月11日公布,根据《国务院关于修改〈特种设备安全监察条例〉的决定》(国务院令第549号)修订,修订版于2009年1月24日公布,自2009年5月1日起施行。

一、特种设备范围

《特种设备安全监察条例》明确了特种设备及其范围:"特种设备是指涉及生命安全、危险性较大的锅炉、压力容器(含气瓶,下同)、压力管道、电梯、起重机械、客运索道、大型游乐设施和场(厂)内专用机动车辆。"

(一) 锅炉

锅炉是指利用各种燃料、电或者其他能源,将所盛装的液体加热到一定的参数,并对外输出热能的设备,其范围规定为:容积大于或者等于30 L的承压蒸汽锅炉;出口水压大于或者等于0.1 MPa(表压),且额定功率大于或者等于0.1 MW的承压热水锅炉;有机热载体锅炉。

(二) 压力容器

压力容器是指盛装气体或者液体,承载一定压力的密闭设备,其范围规定为最高工作压力大于或者等于0.1 MPa(表压),且压力与容积的乘积大于或者等于2.5 MPa·L的气体、液化气体和最高工作温度高于或者等于标准沸点的液体的固定式容器和移动式容器;盛装公称工作压力大于或者等于0.2 MPa(表压),且压力与容积的乘积大于或者等于1.0 MPa·L的气体、液化气体和标准沸点等于或者低于60℃液体的气瓶、氧舱等。

(三) 压力管道

压力管道是指利用一定的压力,用于输送气体或者液体的管状设备,其范围规定为:最高工作压力大于或者等于0.1 MPa(表压)的气体、液化气体、蒸汽介质或者可燃、易爆、有毒、有腐蚀性、最高工作温度高于或者等于标准沸点的液体介质,且公称直径大于25 mm的管道。

(四) 电梯

电梯是指动力驱动,利用沿刚性导轨运行的箱体或者沿固定线路运行的梯级(踏步),进行升降或者平行运送人、货物的机电设备,包括载人(货)电梯、自动扶梯、自动人行道等。

(五) 起重机械

起重机械是指利用于垂直升降或者垂直升降并水平移动重物的机电设备,其范围规定为:额定起重量大于或者等于0.5 t的升降机;额定起重量大于或者等于1 t,且提升高度大于或者等于 2m 的起重机和承重形式固定的电动葫芦等。

(六) 客运索道

客运索道是指动力驱动,利用柔性绳索牵引箱体等运载工具运送人员的机电设备,包括客运架空索道、客运缆车、客运拖牵索道等。

(七) 大型游乐设施

大型游乐设施是指以经营为目的,承载游客游乐的设施,其范围规定为:设计最大运行线速度大于或者等于 2m/s,或者运行高度距地面高于或者等于 2m 的载人大型游乐设施。

(八) 场(厂)内专用机动车辆

场(厂)内专用机动车辆是指除道路交通、农用车辆以外仅在工厂厂区、旅游景区、游乐场所等特定区域使用的专用机动车辆。特种设备包括其所用的材料、附属的安全附件、安全保护装置与安全保护装置相关的设施。

二、特种设备生产的安全规定

特种设备生产单位应依据《特种设备安全监察条例》规定以及国务院特种设备安全管理监管部门制定并公布的安全技术规范的要求,进行生产活动。

压力容器的设计单位应当经国务院特种设备安全监督管理部门许可,方可从事压力容器的设计活动。压力容器的设计单位应当具备下列条件:

(1) 有与压力容器设计相适应的设计人员、设计审核人员;

(2) 有与压力容器设计相适应的场所和设备;

(3) 有与压力容器设计相适应的健全的管理制度和责任制度。

锅炉、压力容器、电梯、起重机械、客运索道大型游乐设施及其安全附件、安全保护装置的制造、安装、改造单位,以及压力管道用管子、管件、阀门、法兰、补偿器、安全保护装置等的制造单位和场(厂)内专用机动车辆的制造、改造单位,应当经国务院特种设备安全监督管理部门许可,方可从事相应的活动。

移动式压力容器、气瓶充装单位应当经省、自治区、直辖市的特种设备安全监督管理部门许可,方可从事充装活动。

气瓶充装单位应当向气体使用者提供符合安全技术规范要求的气瓶,对使用者进行气瓶安全使用指导,并按照安全技术规范的要求办理气瓶使用登记,提出气瓶的定期检验要求。

三、特种设备的使用

(一) 特种设备的安全管理

1. 使用登记

特种设备在投入使用前或者投入使用后 30 日内,特种设备使用单位应当向直辖市或者设区的市的特种设备安全监督管理部门登记。登记标志应当置于或者附着于该特种设备的显著位置。

2. 档案管理

为便于对设备设施进行有效管理，应建立设备档案。依据《特种设备安全监察条例》的规定，特种设备使用单位应当建立特种设备安全技术档案，安全技术档案应当包括以下内容：

（1）特种设备的设计文件、制造单位、产品质量合格证明、使用维护说明等文件以及安装技术文件和资料；

（2）特种设备的定期检验和定期自行检查的记录；

（3）特种设备的日常使用状况记录；

（4）特种设备及其安全附件、安全保护装置、测量调控装置及有关附属仪器仪表的日常维护保养记录；

（5）特种设备运行故障和事故记录；

（6）高耗能特种设备的能效测试报告、能耗状况记录以及节能改造技术资料。

（二）特种设备维护保养、定期检查与改造报废

1. 维护保养

为确保特种设备的安全运行，依据《特种设备安全监察条例》的规定，特种设备使用单位应当对在用特种设备进行自行经常性日常维护保养，并定期自行检查。特种设备使用单位对在用特种设备应当至少每月进行一次自行检查，并作出记录；发现异常情况的，应当及时处理。特种设备使用单位应当对在用特种设备的安全附件、安全保护装置、测量调控装置及有关附属仪器仪表进行定期校验、检修，并作出记录。

2. 定期检查

依据《特种设备安全监察条例》的规定，锅炉使用单位应当按照安全技术规范的要求进行锅炉水（介）质处理，并接受特种设备检验检测机构实施的水（介）质处理定期检验。从事锅炉清洗的单位，应当按照安全技术规范的要求进行锅炉清洗，并接受特种设备检验检测机构实施的锅炉清洗过程监督检验。

3. 改造报废

依据《特种设备安全监察条例》的规定，特种设备存在严重事故隐患，无改造、维修价值，或者超过安全技术规范规定使用年限，特种设备使用单位应当及时予以报废，并应当向原登记的特种设备安全监督管理部门办理注销。

四、特种设备检验检测

（一）特种设备检验检测机构资质认可

从事《特种设备安全监察条例》规定的监督检验、定期检验、型式试验以及专门为特种设备生产、使用、检验检测提供无损检测服务的特种设备检验检测机构，应当向国务院特

种设备安全监督管理部门核准。特种设备使用单位设立的特种设备检验检测机构，经国务院特种设备安全监督管理部门核准，负责本单位核准范围内的特种设备定期检验工作。取得特种设备检验检测机构资质，应当具备三个条件：① 有与所从事的检验检测工作相适应的检验检测人员；② 有与所从事的检验检测工作相适应的检验检测仪器和设备；③ 有健全的检验检测管理制度、检验检测责任制度。

（二）检验检测人员资格管理

从事《特种设备安全监察条例》规定的监督检验、定期检验、型式试验和无损检测的特种设备检验检测人员应当经国务院特种设备安全监督管理部门组织考核合格，取得检验检测人员证书，方可从事检验检测工作。

（三）检验检测活动的规范

1. 检验检测机构和检验检测人员职业准则

特种设备检验检测机构和检验检测人员进行特种设备检验检测，应当遵循诚信原则和方便企业的原则，为特种设备生产、使用单位提供可靠、便捷的检验检测服务。特种设备检验检测机构和检测人员对涉及的被检验检测单位的商业秘密，负有保密义务。

2. 特种设备检验检测的要求

特种设备检验检测机构和检验检测人员应当客观、公正、及时地出具检验检测结果、鉴定结论。检验检测结果、鉴定结论经检验检测人员签字后，由检验检测机构负责人签署。特种设备检验检测机构和检验检测人员对检验检测结果、鉴定结论负责。国务院特种设备安全监督管理部门应当组织对特种设备检验检测机构的检验检测结果、鉴定结论进行监督抽查。县以上地方负责特种设备安全监督管理的部门在本行政区域内也可以组织监督抽查，但是要防止重复抽查。监督抽查结果应当向社会公布。

3. 事故隐患报告

特种设备检验检测机构进行特种设备检验检测，发现严重事故隐患或者能耗严重超标的，应当及时告知特种设备使用单位，并立即向特种设备安全监督管理部门报告。

4. 投诉监督

特种设备检验检测机构和检验检测人员利用检验检测工作故意刁难特种设备生产、使用单位，特种设备生产、使用单位有权向特种设备安全监督管理部门投诉，接到投诉的特种设备安全监督管理部门应当及时进行调查处理。

思 考 题

简述安全生产条例与安全生产法律法规的区别与联系。

第四章
安全生产标准

第一节　安全生产标准概述

安全生产标准是安全生产法规的延伸与具体化，其体系由基础标准、管理标准、安全生产技术标准、其他综合类标准组成。安全标准的制定和修订由国务院有关部门按照保障安全生产的要求，依法及时进行。生产经营单位必须执行安全标准，这在《安全生产法》中以法律条文加以强制规范。《安全生产法》第十条规定："国务院有关部门应当按照保障安全生产的要求，依法及时制定有关的国家标准或者行业标准，并根据科技进步和经济发展适时修订。生产经营单位必须执行依法制定的保障安全生产的国家标准或者行业标准。"

（一）安全标准的定义和作用

1. 安全标准的定义

在生产工作场所或者领域，为改善劳动条件和设施，规范生产作业行为，保护劳动者免受各种伤害，保障劳动者人身安全健康，实现安全生产的准则和依据。

2. 安全标准的作用

（1）安全标准是安全生产法律体系的重要组成部分；

（2）安全标准是保障企业安全生产的重要技术规范；

（3）安全标准是安全监管监察和依法行政的重要依据；

（4）安全标准是规范市场准入的必要条件。

（二）安全标准的范围

根据《中华人民共和国标准化法》（简称《标准化法》）的规定，标准有国家标准（GB）、行业标准（如 AQ—安全、MT—煤炭、LD—劳动、JB—机械标准等）、地方标准和企业标准。国家标准、行业标准又分为强制性标准和推荐性标准。安全生产标准主要为国家标准和行业标准，大部分是强制性标准。

安全生产标准的范围包括矿山、危险化学品、烟花爆竹、个体防护、粉尘防爆、涂装作业等领域安全生产方面的标准，这类标准主要由国家安全生产监督管理总局负责组织制定。

(三) 有关安全化组织

全国安全生产标准化技术委员会(简称“安标委”)于2006年成立,是由国家安全生产监督管理总局管理的标准化组织,目前下设煤矿安全、非煤矿山安全、化学品安全、烟花爆竹安全、粉尘防爆、涂装作业、防尘防毒等7个分标委会。

(四) 安全生产标准的种类

安全系统工程有关事故形成的理论认为,事故是由人、物、环境、管理等四要素引起的,事故预防应从影响系统的四个因素出发进行综合治理。用来防止事故和职业病发生的劳动安全卫生应用标准必须包含针对人的不安全行为、物的不安全状态、环境因素、管理因素等四方面的标准。

按照标准对象特性分类,安全生产标准可以分为基础标准、管理标准、技术标准、方法标准和产品标准等5类。

1. 基础标准

基础标准是对职业安全卫生具有最基本、最广泛指导意义的标准,主要指在安全生产领域的不同范围内,对普遍的、广泛通用的共性认识所作的统一规定,在一定范围内作为制定其他安全标准的依据和共同遵守的准则。其内容包括制定安全标准所必须遵循的基本原则、要求、术语、符号,各项应用标准、综合标准赖以制定的技术规定,危险性和有害性的基本规定,材料的安全基本性质及基本检测方法等。《企业安全生产标准化基本规范》《标准化法》等对安全生产必须遵循的标准化原则和要求进行规定。

2. 管理标准

管理标准是指通过计划、组织、控制、监督、检查、评价与考核等管理活动的内容、程序、方式,使生产过程中各个因素处于安全受控状态,直接服务于生产经营科学管理的准则和规定。安全生产方面的管理标准主要包括安全教育、培训和考核等标准,重大事故隐患评价方法及分级等标准,事故统计、分析等标准,安全系统工程标准,人机工程标准以及激励与惩处标准等。

3. 技术标准

技术标准是指针对生产过程中的设计、施工、操作、安装等具体技术要求制定的技术和规范的总称。这类标准有《金属非金属矿山安全规程》(GB 16423—2006)、《石油化工企业设计防火规范》(GB 50160—2008)、《烟花爆竹工程设计安全规范》(GB 50161—2009)、《烟花爆竹作业安全技术规程》(GB 11652—2012)、《民用爆破器材工程设计安全规范》(GB 50089—2007)、《建筑设计防火规范》(GB 50016—2014)等。

4. 方法标准

方法标准是对各项生产过程中技术活动的方法作出规定,一切属于方法、程序规程性质的标准都可归入这一类。安全生产方面的方法标准主要包括两类。一类是以试验、检查、分析、抽样、统计、计算、测定、作业等方法为对象制定的标准。例如,试验方法、检查方法、分析计法、测定方法、抽样方法、设计规范、计算方法、工艺规程、作业指导书、生产方法、操作方法等。另一类是为合理生产优质产品，并在生产、作业、试验、业务处理等方面为提高效率而制定的标准。这类标准有安全帽测试方法、防护服装机械性能材料抗刺穿性及动态撕裂性的试验方法、安全评价通则、安全预评价导则、安全验收评价导则、安全现状评价导则等。

5. 产品标准

产品标准是对某一具体安全设备、装置和防护用品及其试验方法、检测检验规则、标志、包装、运输、储存等方面所作的技术规定。它是在一定时期和一定范围内具有约束力的技术准则，是产品生产、检验、验收、使用、维护和洽谈贸易的重要技术依据，对于保障安全、提高生产和使用效益具有重要意义。产品标准的主要内容包括：① 产品的适用范围；② 产品的品种、规格和结构形式；③ 产品的主要性能；④ 产品的试验、检验方法和验收规则；⑤ 产品的包装、储存和运输等方面的要求。这类标准主要对某类产品及其安全要求作出规定，如煤矿安全监控系统、煤矿用隔离式自救器等。

(五) 安全生产标准制定、修订程序

根据国家有关规定，国家标准制定程序分 9 个阶段，即预阶段、立项阶段、起草阶段、征求意见阶段、审查阶段、批准阶段、出版阶段、复审阶段、废止阶段。修订程序和制定程序基本一样，但没有预阶段，起草阶段改为修订阶段。行业标准的制定、修订程序和国家标准的制定、修订程序基本相同，不同之处是，行业标准有一个备案阶段，应当在发布后 30 日内依法报国务院标准化行政主管部门备案。标准实施后，适时进行复审，复审周期不超过 5 年。

第二节　安全生产标准体系

标准体系是指在一定范围内的标准按其内在联系形成的科学的有机整体。安全生产标准体系是指为维持生产经营活动、保障安全生产而制定、颁布的一切有关安全生产方面的技术、管理、方法、产品等标准的有机组合，既包括现行的安全生产标准，也包括正在制订、修订和计划制订、修订的安全生产标准。安全生产标准体系由煤矿安全、非煤矿山安全、电气安全、危险化学品安全、石油化工安全、民爆物品安全、烟花爆竹安全、涂装作业安全、交通运输安全、机械安全、消防安全、建筑安全、个体防护装备(原劳动防护用品)、特种设备安全、通用生产安全等多个子体系组成。每个子体系又由若干部分组成，如非煤矿山安全标准体系又由冶金安全、有色金属安全等下一层级标准组成。因此，安全生产标准体系是一个多层级的组合。

(一) 煤矿安全生产标准体系

煤矿安全生产标准体系包括综合管理安全标准系统、井工开采安全标准系统、露天开

采安全标准系统和职业危害安全标准系统等4个部分。

1. 综合管理安全标准系统

煤矿安全综合管理标准包含煤矿企业必须遵守国家和煤矿主管部门有关安全生产的法律、规定、条例、规程和标准等，它是规范煤矿安全技术与管理行为的法规文献。煤矿综合管理安全标准系统由综合管理通用要求、地质勘探规范、矿井设计规范、生产矿井安全管理等4个部分组成，包含了从煤矿勘探、设计、建矿、生产、环保到闭矿全过程中的安全总体要求。

2. 井工开采安全标准系统

由于安全生产涉及煤炭开发生产全过程，且在井下的采、掘、机、运、通等各个环节都涉及安全问题。井工开采煤矿安全生产标准系统包括建井安全、开采安全、瓦斯防治、粉尘防治、矿井通风、火灾防治、水害防治、机械安全、电气安全、爆破安全、矿山救援等11个领域的安全标准。其中每一专业领域的标准仍分为管理标准、技术标准和产品标准。

3. 露天开采安全标准系统

露天开采的安全问题主要存在于采剥工程、运输工程、排土工程和机电设备等生产环节，主要发生的危险是边坡不稳定，即采掘场边坡与排土场(包括外排和内排)边坡发生的滑坡、塌陷、泥石流等可能危及人身安全与设备安全的地质灾害。露天开采安全标准系统包括露天开采安全标准、边坡稳定安全标准、露天机电安全标准等3个领域的安全标准。其中每一专业领域的标准仍分为管理标准、技术标准和产品标准。

4. 职业危害安全标准系统

煤矿职业危害安全标准系统包括作业环境安全标准、个体防护标准、职业病鉴定标准等3个领域。作业环境可以进一步划分为粉尘(总粉尘和呼吸性粉尘)、噪声、振动、放射性辐射、高低温等。职业危害和卫生方面的国家标准有《工业企业设计卫生标准》(GBZ 1—2002)、《职业性接触毒物危害程度分级》(GBZ 230—2010)等。煤炭行业制定的有关职业危害安全和卫生方面的标准有《职业性尘肺病的诊断标准》(GBZ 70—2015)、《煤矿井下工人滑囊炎诊断标准》(GBZ 82—2002)等。

(二) 非煤矿山安全生产标准体系

非煤矿山安全生产标准体系包括固体矿山、石油天然气、冶金、建材、有色等多个领域，是一个多层次、多组合的标准体系。从标准内容上讲，标准体系包括非煤矿山安全生产方面的基础标准、管理标准、技术标准、方法标准和产品标准等。

(三) 危险化学品安全生产标准体系

危险化学品安全生产标准体系包括通用基础安全生产标准、安全技术标准和安全管理标准。通用基础安全生产标准主要包括危险化学品分类、标识等。安全技术标准主要包括安全设计和建设标准、生产企业安全距离标准、生产安全标准、运输安全标准、储存和包装安全标准、作业和检修标准、使用安全标准等。安全管理标准主要包括生产企业安全管理、应急救援预案管理、重大危险源安全监控、职业危害防护配备管理等。

（四）烟花爆竹安全生产标准体系

烟花爆竹安全生产标准体系包括基础标准、管理标准、原辅材料使用标准、生产作业场所标准、生产技术工艺标准和生产设备设施标准等。基础标准主要包括烟花爆竹工程设计安全规范、烟花爆竹安全生产术语等。管理标准主要包括烟花爆竹企业安全评价导则、烟花爆竹储存条件、烟花爆竹装卸作业规范等。原辅材料使用标准主要包括烟花爆竹烟火药安全性能检测要求、烟花爆竹烟火药相容性要求等。生产作业场所标准主要包括烟花爆竹工程设计安全审查规范、烟花爆竹工程竣工验收规范等。生产技术工艺标准主要包括烟花爆竹烟火药使用安全规范等。生产设备设施标准主要包括烟花爆竹机械设备通用技术要求等。

（五）个体防护装备安全生产标准体系

个体防护装备安全生产标准体系主要包括头部防护装备、听力防护装备、眼面防护装备、呼吸防护装备、服装防护装备、手部防护装备、足部防护装备、皮肤防护装备和坠落防护装备等 9 个部分，与国际接轨。每个部分由基础标准、通用技术标准、方法标准、产品标准和管理标准组成。其中，管理标准有配备标准、选用标准、使用和维护规范等。

思　考　题

安全生产标准制定的依据包括哪些？该标准的注意事项包括哪些？

第五章 安全管理概述

第一节 安全管理的定义

安全管理是一门技术科学，它是介于基础科学与工程技术之间的综合性科学。它强调理论与实践的结合，重视科学与技术的全面发展。安全管理的特点是把人、物、环境三者进行了有机的联系，试图控制人的不安全行为、物的不安全状态和环境的不安全条件，解决人、物、环境之间不协调的矛盾，排除影响生产效益的人为和物质的阻碍时间。

安全管理是管理科学的一个分支，也是安全工程学的一个重要组成部分。安全工程学包括安全技术、工业卫生工程及安全管理。

安全技术是安全工程的技术手段之一。它着眼于对生产过程中物的不安全因素和环境的不安全条件，采用技术措施进行控制，以保证物和环境安全、可靠，达到技术安全的目的。

工业卫生工程也是安全工程的技术手段之一。它着眼于消除或控制生产过程中对人体健康产生影响或危害的有害因素，从而保证安全生产。

安全管理则是安全工程的组织、计划、决策和控制过程，它是保障安全生产的一种管理措施。

安全管理同其他学科一样，有它自己特定的对象和研究范围。从管理的角度看，其研究领域可分为三个系统：① 技术系统，即机器-机器系统；② 社会技术系统，即人-机系统；③ 社会系统，即人-人系统。安全管理涉及人、物、环境相互关系协调的问题，安全管理的研究领域应是社会技术系统，即人-机系统。因此，安全管理是一门专门研究人-机-环境系统中安全问题的管理方法与手段的技术科学。

安全管理也有其独特的理论体系，并运用理论体系提出解决问题的方法。与安全管理相关的学科包括劳动心理学、劳动卫生学、统计科学、计算科学、运筹学、管理科学、安全系统工程、人机工程、可靠性工程、安全技术等。在工程技术方面，安全管理已被广泛地应用于基础工业、交通运输、军事及尖端技术工业等领域。

根据以上分析，我们可以从科学性和技术性这两个方面，给安全管理下定义：安全管理是研究人、物、环境三者之间的协调性，对安全工作进行决策、计划、组织、控制和协调，在法律制度、组织管理、技术和教育等方面采取综合措施，控制人、物、环境的不安全因素，以实现安全生产为目的的一门综合性学科。

为了进一步说明定义，我们对定义中的人、物、环境，安全工作，决策、计划、组织、控制和协调，法律制度、组织管理、技术和教育分别予以说明。

(1)“人、物、环境”中的“人”是指企业全体员工，包括生产工人、管理人员和技术人员；“物”是指与生产活动有关的、影响生产的机器设备、设施、工具、用品等；“环境”是指生产过程中的作业条件，包括机器布置、材质堆放、照明、噪声及振动、温湿度、空气质量、信号、标志、色彩及射线和辐射等。

(2)“安全工作”是指为保证系统的安全性、实现安全生产所做的一切工作。它包括安全管理、安全技术、工业卫生与科学研究等内容。

(3)“决策、计划、组织、控制和协调”是指对企业安全工作进行的系统分析与管理的方法和工作程序，也是管理科学的基本手段与工作方法。

(4)“法律制度、组织管理、技术和教育”是指为保证安全生产所建立的法规、规程、标准、组织机构、管理体系，所采取的技术措施和进行的安全教育与培训等，是安全管理的工作内容。

从以上定义中我们可以看出，在解决系统中的安全问题方面，安全管理主要从两个方面考虑：一是借助于法律制度、组织管理和教育控制人的不安全行为；二是借助于技术措施和管理控制物的不安全因素，改善作业环境。安全管理实质上就是对人、物、环境的系统管理。

第二节　现代安全管理的基础理论

现代安全管理是以现代安全科学和管理理论为指导，以传统安全管理为基础，以风险管理、事故预防和控制为手段，以不断提升系统整体和全过程安全水平为目标的管理。

通过人类长期的安全生产活动实践，以及安全科学与事故理论的研究和发展，人们已清楚地认识到，要有效地预防生产与生活中的事故、保障人类的安全生产和安全生活，需要三大安全对策：一是安全工程技术对策，这是技术系统本质安全化的重要手段；二是安全教育对策，这是人员安全素质的重要保障措施；三是安全管理对策，这一对策既涉及物的因素，即对生产过程设备、设施、工具和生产环境的标准化、规范化管理，也涉及人的因素，即作业人员的行为科学管理等。因此，现代安全管理科学是安全科学技术体系中重要的分支学科，是人类预防事故的“三大对策”的重要方面。

一、现代安全管理的主要特征

与传统的安全管理相比，现代安全管理具有许多鲜明的特征，如系统安全特征、本质安全化特征、预先管理特征、定量化风险管理特征等。

（一）系统安全特征

现代安全管理以系统安全思想为指导，强调为追求系统整体上的安全目标，应采取综合化管理技术和方法，实现科学化的安全管理。在生产过程中，导致事故的原因是多方面的。从生产系统的组成要素来看，人、设备、物和环境因素均可能导致各种事故的发生，如人的误判断、误操作，违章作业、违章指挥和违反劳动纪律（“三违”现象）；设备缺陷，安全装置缺失、失效，防护器具缺失、缺陷；原材料、中间体、产品的易燃易爆、毒性等；作业方法和作业环境的缺陷等。安全管理必须从整体系统的方方面面出发，全面地观察、分析和解决问题，才能实现系统安全的目标。

（二）本质安全化特征

本质安全是指设备、设施或技术工艺含有内在的、能够从根本上防止事故发生的功能。本质安全可以理解为机器、设备、环境本身所具有的，即使出现人为操作失误也不会发生事故的安全状态。广义的本质安全还包括人的安全行为，指作业人员处处按照标准、规程进行作业，消除人的因素导致的事故风险，和机、物、环境的安全状态一起构成系统的安全。本质安全化是安全管理预防原理的根本体现，也是安全管理的最高境界，实际上目前还很难做到，但是我们应该坚持这一原则。

（三）预先管理特征

与传统安全管理注重事故发生后事故调查、原因分析、制定对策，防止类似事故再次发生的“事后模式”不同，现代安全管理强调以事故预防为中心，从系统的角度，预先开展危险性辨识、分析与评价，从而对各种可能发生的事故原因采取措施进行预防，即“预先模式”。

（四）定量化风险管理特征

风险管理的产生和发展造成了对传统安全管理体制的冲击，促进了现代安全管理体制的建立，促进了安全技术的发展。在某种意义上，风险管理是一种创新，它强调安全管理必须以系统危险性的定量化为基础。近年来，随着计算机技术、可靠性分析技术等的发展，尤其是随着可接受风险准则的逐步建立，定量风险分析（QRA）技术得到了长足的发展，20 世纪 90 年代后期，QRA 技术已从单项的定量化事故树分析和连续系统模拟，逐渐发展到针对复杂系统的定量风险数值的大型运算。

二、现代安全管理的主要原理与原则

（一）预防原理

我国安全生产的方针是“安全第一、预防为主、综合治理”。通过有效的管理和技术手段，减少并防止人的不安全行为和物的不安全状态，从而使事故发生概率降到最低，这就是预防原理。运用预防原理应遵循以下原则。

1. 偶然损失原则

事故后果以及后果的严重程度都是随机的、难以预测的。反复发生的同类事故，并不一定产生完全相同的后果，这就是事故损失的偶然性。海因里希法则指出，事故与伤害后果之间存在着偶然性的概率关系。偶然损失原则说明：在安全管理实践中，一定要重视各类事故，包括险肇事故，而且不管事故是否造成了损失，都必须做好预防工作。

2. 因果关系原则

因果关系原则是指事故的发生是许多因素互为因果连续发生的最终结果，只要诱发事故的因素存在，发生事故是必然的，只是时间上或迟或早而已。从因果关系原则中认识事故发生的必然性和规律性，要重视事故的原因，切断事故因素的因果关系链环，消除事故发生的必然性，从而把事故消灭在萌芽状态。

3. “3E”原则

造成人的不安全行为和物的不安全状态的原因可归结为四个方面：技术原因、教育原因、身体和态度原因以及管理原因。针对这四个方面的原因，可以采取三种预防事故的对策，即法规（Enforcement）对策、教育（Education）对策和工程技术（Engineering）对策，简称“3E”原则。

4. 本质安全化原则

本质安全化是指设备、设施或技术工艺含有内在的能够从根本上防止发生事故的功能，包括：① 失误-安全（Fool-Proof）功能；② 故障-安全（Fail-Safe）功能；③ 这两种安全功能应在设备、设施规划设计阶段就被纳入其中，而不是事后补偿的，包括在设计阶段就采用无害的工艺、材料等。遵循这样的原则可以从根本上消除事故发生的可能性，从而达到预防事故发生的目的。本质安全化是安全管理预防原理的根本体现，是安全管理的最高境界。

要想做好安全管理工作就必须把握预防原则，在完善各项安全规章制度、开展安全教育、落实安全责任的同时，多举措做好安全管理工作的全过程控制，使事故发生率降到最低，真正使安全工作做到防微杜渐。

（二）强制原理

强制就是要求绝对服从，无须经被管理者同意便可采取控制行动。因此，采取强制管理的手段就是控制人的意愿和行为，使个人的活动、行为等受到管理要求的约束，从而有效地实现管理目标。

一般来说，管理均带有一定的强制性。管理是管理者对被管理者施加作用和影响，并要求被管理者服从其意志，满足其要求，完成其规定的任务。不强制便不能有效地抑制被管理者的个性，将其调动到符合整体安全利益和目的的轨道上来。

安全管理需要强制性是由事故损失的偶然性、人的冒险心理以及事故损失的不可挽回性决定的。安全强制性管理的实现,离不开严格合理的法律、法规、标准和各级规章制度,这些法规、制度构成了安全行为的规范;同时,还要有强有力的管理和监督体系,以保证被管理者始终按照行为规范进行活动,一旦其行为超出规范的约束,就要有严厉的惩处措施。因此,在安全管理活动中应用强制原理时应遵循以下原则。

1.“安全第一”原则

“安全第一”原则要求在进行生产和其他活动时把安全工作放在一切工作的首要位置。当生产和其他工作与安全发生矛盾时,要以安全为主,生产和其他工作要服从安全。贯彻“安全第一”原则,要求在计划、布置、实施各项工作时首先想到安全,预先采取措施,防止事故发生。需要指出的是,“安全第一”原则要落到实处,必须有经济基础、文化理念、法规制度等的支撑。

2. 监督原则

安全管理的监督原则是指在安全工作中,为了落实安全生产法律法规,必须授权专门的部门和人员行使监督、检查和惩罚的职责,对企业生产中的守法和执法情况进行监督,追究和惩戒违章失职行为。

第三节 安全管理的原理和原则

安全管理以安全为目的,通过管理的职能,进行有关安全方面的决策、计划、组织、指挥、协调、控制等工作,从而有效地发现、分析生产过程中的各种不安全因素,预防各种意外事故,避免各种损失,保障员工的安全健康,推动企业安全生产的顺利发展,为提高经济效益和社会效益服务。

安全生产管理原理是从生产管理的共性出发,对生产管理工作的实质内容进行科学分析、综合、抽象与概括所得出的生产管理规律。安全生产原则是指在生产管理原理的基础上,指导生产管理活动的通用规则。二者的本质与内涵是一致的。一般来说,原理更基本,更具普遍意义;原则更具体,对行动更有指导性。

一、系统原理

(一) 系统原理的含义

系统原理是现代管理学的一个基本原理。它是指人们在从事管理工作时,运用系统理论、观点和方法,对管理活动进行充分的系统分析,以达到管理的优化目标,即用系统论的观点、理论与方法来认识和处理管理中出现的问题。

所谓系统,是指由两个或两个以上相互联系、相互作用的要素所组成的具有特定结构和功能的整体。任何管理对象都可以被当作一个系统。系统可以分为若干个子系统,子系统可以分为若干个要素,即系统是由要素组成的。按照系统的观点,管理系统具有 6 个特征，即集合性、相关性、目的性、整体性、层次性和适应性。

安全管理系统是生产管理的一个子系统，包括各级安全管理人员、安全防护设备与设施、安全管理规章制度、安全生产操作规范和规程以及安全生产管理信息等。安全管理存在于生产活动的方方面面，安全管理是全面、全过程和全员的管理。

（二）运用系统原理的原则

1. 动态相关性原则

动态相关性原则是指任何安全管理系统的正常运转，不仅要受到系统自身条件和因素的制约，而且还要受到其他相关系统的影响，并因时间、地点以及人的努力程度的不同而发生变化。因此，要提高管理的效果，就必须掌握各个管理对象要素之间的动态相关特征，充分利用各要素之间的相互作用。

对安全管理来说，动态相关性原则可以从以下两个角度考虑。

(1) 系统内各要素之间的动态相关性是事故发生的根本原因。构成管理系统的各要素处于动态变化之中，并相互联系、相互制约，导致事故有发生的可能性。

(2) 为搞好安全管理，掌握与安全有关的所有对象要素之间的动态相关特征，必须有良好的信息反馈手段，能够随时随地掌握企业安全生产的动态情况，且处理各种问题时要考虑各种事物之间的动态联系性。例如，当有员工发生违章时，不能只考虑员工的自身问题，而要同时考虑物和环境的状态、劳动作业安排、管理制度、教育培训等问题，甚至要考虑员工的家庭和社会生活的影响。

2. 整分合原则

所谓的整分合原则是指为了实现高效的管理，必须在整体规划下明确分工，在分工的基础上进行有效的综合。在管理活动中，首先要从整体上把握系统的环境，分析系统的整体性质、功能，确定系统的总体目标；其次围绕总体目标，进行多方面的合理分解和分工，以构成系统的结构与体系；最后要在分工的基础上，对各要素、环节、部分及其活动进行系统综合和协调管理，以实现系统的总目标。

在整分合原则中，整体把握是前提，科学分工是关键，组织综合是保证。没有整体目标的指导，分工就会盲目而混乱；离开分工，整体目标就难以高效实现。如果只有分工，而无综合与协作，就会出现分工各环节以及横向协作困难、不能形成“凝聚力”等现象。因此，管理必须有分有合，先分后合，这是整分合原则的基本要求。

在安全管理领域运用该原则，首先要求企业高层管理者在制订整体目标和进行宏观决策时，必须将安全纳入其中，作为一项重要内容加以考虑；其次在此基础上对安全管理活动进行有效分工，明确每个员工的安全责任和目标；最后加强专职安全部门的职能，保证强有力的协调控制，实现有效的组织综合。

3. 弹性原则

在对系统外部环境和内部情况的不确定性给予事先考虑，并对发展变化的各种可能性及其概率分布进行较为充分的认识、推断的基础上，在制订目标、计划、策略等方面，相适应地留有余地，有所准备，以增强组织系统的可靠性和管理对未来态势的应变能力，这就是管理的弹性原则。

管理的弹性就是当系统在面临各种变化的情况下，管理能机动灵活地做出反应以适应变化的环境，使系统得以生存并求得发展。卓有成效的管理追求积极弹性，即在对变化的未来做科学预测的基础上，组织系统应当备有多种方案和预防措施，其目的在于一旦态势有重大变故，能够不乱方寸、有备无患地灵活应变，从而能保证系统的可靠性。

弹性原则对于安全管理具有十分重要的意义。安全管理所面临的是错综复杂的环境和条件，其中，事故致因尤其难被完全预测和掌握的。因此安全管理必须尽可能保持良好的、积极的弹性，一方面不断地推进安全管理的科学化、现代化，加强系统安全分析和危险性评价，尽可能做到对危险因素的识别、消除和控制；另一方面要采取全方位、多层次的事故预防措施，实现全面、全员、全过程的安全管理。

4. 反馈原则

反馈是指被控制过程对控制机构的反作用，即由控制系统把信息输送出去，又把其作用结果返回来，并对信息的再输出产生影响，起到控制作用，以达到预定的目的。

现代企业管理是一项复杂的系统工程，其内部条件和外部环境都在不断变化。因此，要发挥出组织系统的积极弹性作用并最终导向优化目标的实现，就必须对环境变化和每一步行动结果不断进行跟踪，及时准确地掌握变动中的态势，进行“再认识、再确定”。一方面，一旦发现原计划、目标与客观情况发展有较大出入，就作出适时性的调整；另一方面，将行动结果情况与原来的目标要求相比较，如有“偏差”，则采取及时有效的纠偏措施，以确保组织目标的实现。这种为了实现系统目标，把行为结果传回决策机构，使因果关系相互作用，实行动态控制的行为准则，就是管理的反馈原则。

反馈原则在安全控制领域有着重要意义。一个正常运转的系统，当它指向安全目标的运动受到任何不安全因素及不安全行为的干扰时，其运动状态就会偏离既定目标，甚至遭到破坏，导致事故和损失的发生。为了维护系统的正常和稳定运转，应及时准确地捕捉、反馈不安全信息，及时采取有效的调整措施，消除或控制不安全因素，使系统的运动态势回到安全的轨道上，以达到安全管理的目的。

5. 封闭原则

封闭原则是指在任何一个管理系统内部，管理手段、管理过程等必须构成一个连续封闭的回路，才能形成有效的管理活动。尽管任何系统都与外部进行着物质、能量、信息交换，但是在系统内部却是一个相对封闭的回路，这样，物质、能量、信息才能在系统内部实现自律化与合理流通。

封闭原理有其相对性。从空间上讲，封闭系统不是孤立的存在，在运行中与周围发生多种联系，其客观干扰在所难免；从时间上来讲，执行指令的后果难以预测，需要时间验证。因此，管理活动需要根据事物发展的客观需要，不断地完善封闭办法，理顺封闭渠道，排除封闭干扰，保持管理运行与控制的畅通、灵敏、及时和准确。

封闭原则应用到安全管理领域中，要求安全管理机构之间、安全管理制度和方法之间，必须具有紧密的联系，形成相互制约的回路，保证安全管理活动的有效进行。首先，为保证安全管理执行机构准确无误地贯彻安全指挥中心的命令，应在系统中建立安全监督机构；其次，建立安全管理规章制度，即建立尽可能完整的执行法、监督法和反馈法，构成一个封闭的制度网，使安全管理活动高效正常运行。

二、人本原理

现代管理学中的人本原理是指管理者要达到组织目标，一切管理活动都必须以人为中心，以人的积极性、主动性、创造性的发挥为核心和动力来进行。人本原理的前提是人不是单纯的“经济人”，而是具有多种需要的、复杂的“社会人”。

人本管理原理要求管理者研究人的行为规律，理解认知、需要、动机、能力、人格、群体和组织行为；掌握激励、沟通、领导规律，改善人力资源管理；了解人、关心人、尊重人、激励人，努力开发和利用人的创造力，实现人的社会价值；努力满足员工的合理需要，开发人的潜能，实现人的自我价值。

人本原理应用在企业安全管理中，具体表现在对“以人为本”的安全理念的贯彻上。要实现“以人为本”的安全管理，一方面应加强企业安全文化建设，严格执行与安全生产相关的法律法规，使“以人为本”的安全理念在安全生产意识形态领域中得到普及和加强；另一方面要不断改善和提高客观生产条件，加大安全投入，以保障“以人为本”的安全理念在安全生产实践中得到落实。

在现实管理活动中，人本原理可以具体化、规范化为若干相应的管理原则，其中主要有管理的动力原则、能级原则和激励原则。

（一）动力原则

动力原则是指管理必须有能够激发人的工作能力的动力，才能使管理运动持续、有效地进行下去。对于管理系统而言，基本动力有三类，即物质动力、精神动力和信息动力。物质动力是指物质待遇及经济效益的刺激与鼓励，精神动力主要是来自理想、道德、信念、荣誉等方面的鼓励和激励，信息动力是通过信息的获取与交流产生奋起直追或领先他人的动力。

（二）能级原则

现代管理认为，单位和个人都具有一定的能量，并且可按照能量的大小顺序排列，形成管理的能级，就像原子中电子的能级一样。在管理系统中，建立一套合理的能级，根据单位和个人能量的大小安排其工作，发挥不同能级的能量，保证结构的稳定性和管理的有效性，这就是能级原则。

（三）激励原则

激励原则就是利用某种外部诱因的刺激，调动人的积极性和创造性，以科学的手段，激发人的内在潜力，使其充分发挥积极性、主动性和创造性。人的工作动力来源于三个方面：一是内在动力，指人本身具有的奋斗精神；二是外部压力，指外部施加于人的某种力量；三是吸引力，指那些能够使人产生兴趣和爱好的力量。这三种动力相互联系、相互作用，管理者要善于体察和引导，采用有效的措施和手段，因人而异、科学合理地运用各种激励方法和激励强度，最大限度地发挥员工的内在潜力。

第四节　安全管理的作用及意义

安全工作的根本目的是保护广大劳动者和设备的安全，防止伤亡事故和设备事故危害，保护国家和集体财产不受损失，保证生产和建设的正常进行。为了实现这一目的，需要开展三方面的工作，即安全管理、安全技术和劳动卫生。而这三者中，安全管理又起着决定性的作用，其意义是重大的。

(1) 做好安全管理是防止伤亡事故和职业危害的根本对策。任何事故的发生不外乎四个方面的原因，即人的不安全行为、物的不安全状态、环境的不安全条件和安全管理的缺陷。而人、物和环境方面出现问题的原因常常是安全管理出现失误或存在缺陷。因此，可以说安全管理缺陷是事故发生的根源，是事故发生的本质原因。生产中的伤亡事故统计分析也表明，80%以上的伤亡事故与安全管理缺陷密切相关。因此，要从根本上防止事故，必须从加强安全管理做起，不断改进安全管理技术，提高安全管理水平。

(2) 做好安全管理是贯彻落实"安全第一、预防为主、综合治理"方针的基本保证。"安全第一、预防为主、综合治理"是我国安全生产的根本方针，是多年来实现安全生产的实践经验的科学总结。为了贯彻落实这一方针，一方面需要各级领导有高度的安全责任感和自觉性，灵活地实施各方面防止事故和职业危害的对策；另一方面需要广大职工提高安全意识，自觉贯彻执行各项安全生产的规章制度，不断增强自我防护意识。所有这些都有赖于良好的安全管理工作。只有合理设立目标，健全安全生产管理体系，科学地进行规划、计划和决策，加强监督监察、考核激励和安全宣传教育，综合运用各种管理手段，才能够调动起各级领导和广大职工的安全生产积极性，才能使安全生产方针得以真正贯彻执行。

(3) 安全技术和劳动卫生措施要靠有效的安全管理，才能发挥应有的作用。安全技术指各专业有关安全的专门技术。如防电、防水、防火、防爆等安全技术。劳动卫生是指对尘毒、噪声、辐射等各方面物理及化学危害因素的预防和治理。毫无疑问，安全技术和劳动卫生措施对于从根本上改善劳动条件、实现安全生产具有巨大作用。然而，这些纵向单独分科的硬技术基本上是以物为主的，是不可能自动实现的，需要人们进行计划、组织、督促、检查，进行有效的安全管理活动，才能发挥它们应有的作用。再者，单独某一方面的安全技术，其安全保障作用是有限的。"三分技术，七分管理"，这已经成为当代社会发展的必然趋势。安全领域当然也不能例外。

（4）做好安全管理，有助于改进企业管理，全面推进企业各方面工作的进步，促进经济效益的提高。安全管理是企业管理的重要组成部分，与企业的其他管理密切联系、互相影响、互相促进。为了防止伤亡事故和职业危害，必须从人、物、环境以及它们的合理匹配这几方面采取对策，包括人员素质的提高，作业环境的整治和改善，设备与设施的检查、维修、改造和更新，劳动组织的科学化以及作业方法的改善等。为了实现这些方面的对策，必须加强对生产、技术、设备、人事等的管理，进而对企业各方面工作提出越来越高的要求，从而推动企业管理的改善和工作的全面进步。企业管理的改善和工作的全面进步反过来又为改进安全管理创造了条件，促使安全管理水平不断得到提高。

实践表明，一个企业安全生产状况的好坏可以反映出企业的管理水平的高低。企业管理得好，安全工作也必然受到重视，安全管理也比较好；反之，安全管理混乱，事故不断，职工无法安心工作，领导人也经常要分散精力去处理事故，在这种情况下，就无法建立正常、稳定的工作秩序，企业管理就较差。

安全管理和企业管理的改善，劳动者积极性的发挥，必然会大大促进劳动生产率的提高，从而带来企业经济效益的增长。反之，如果事故频繁，不但会影响职工的安全与健康，挫伤职工的生产积极性，导致生产效率的降低，还会造成设备财产的损坏，无谓地消耗许多人力、财力、物力，带来经济上的巨大损失。

思 考 题

可应用于现代安全管理的高科技有哪些？请举例说明如何应用。

第六章
安全管理体系和管理方法

第一节　HSE 管理体系发展现状

HSE 管理体系指的是健康(Health)、安全(Safety)和环境(Ennironment)三位一体的管理体系，是一项现代化的企业内部管理工具，与我国的安全标准化一样，都采用要素化管理形式以及 PDCA 循环[①]。其目的在于帮助企业实现自身设定的环境、职业健康和安全管理水平，并不断改进，以达到更高的水平。HSE 管理体系兴起于 20 世纪 80 年代的石油行业，经过多年的发展，现在已被各行各业广泛采用。

一、国外发展状况

(1) 壳牌公司(Shell)。荷兰的壳牌公司是当今世界第一大石油公司，它是 HSE 管理体系的创始者，其 HSE 管理水平处于世界领先地位。在中国，壳牌公司的 HSE 管理要求也是最高的。

(2) 杜邦公司(Dupont)。美国的杜邦公司的经营范围覆盖了全球 70 个国家，2015 年与陶氏化学合并后成为全球第二大化工企业。杜邦的安全管理也具有世界一流水平，十大安全理念更是为人们所熟知。杜邦的核心价值包括善待员工、要求员工遵守职业道德和把安全、环境作为核心价值。

(3) 菲利普斯公司(Phillps)。美国菲利普斯公司以遵守相关法律法规为前提，把保护员工健康、安全放在首位，把利润、股东权益等放在次位。公司致力于持续改进 HSE 管理，提高安全管理水平。

(4) 挪威国家石油公司(Statoil ASA)。挪威国家石油公司是北欧最大的石油公司，在 HSE 管理方面，其拥有大量的 HSE 专家，采取“零”思维模式，即“零事故、零伤害、零损

---

① PDCA 即 Plan(计划)、Do(执行)、Check(检查)和 Act(处理)。在质量管理活动中，PDCA 循环要求各项工作按照作出计划、计划实施、检查实施效果，成功的纳入标准，不成功的留待下一循环去解决的顺序进行。这一工作方法是质量管理的基本方法，也是企业管理各项工作的一般规律。

失”。此外，挪威国家石油公司于2002年制定了管理规定，下属企业必须建立HSE文化，这更是将HSE管理提升了一个档次。

除了上述公司，还有英国石油公司(BP)、美国雪佛龙股份有限公司(Chevron)、斯伦贝谢公司(Schlum berger)等，均建立了自己的HSE管理体系。并且，经过多年的实践总结，它们的管理水平都达到了世界先进程度，而且仍在不断改进和提高之中。虽然这些公司的HSE管理各具特色，但也有许多共同点，比如，它们的HSE体系都是按照ISO9000标准的体系框架构建的，结合自身情况进行了改进；它们对自身企业的状况有着很好的了解，并据此针对风险和隐患制定了防范措施；它们在组织结构、人员配备等硬件方面已经相当齐全，更重要的是，它们已经逐渐形成了HSE文化，人人参与的理念深入人心。

二、国内发展状况

我国的HSE管理开始于1996年《石油天然气工业健康、安全与环境管理体系》(ISD/CD 14690)的颁布，次年《石油地震队健康、安全与环境管理规范》(SY/T 6280—1997)、《石油天然气钻井健康、安全与环境管理体系指南》(SY/T 6283—1997)等行业标准的相继颁布，推动了HSE管理的发展。

(1) 中国石油天然气集团有限公司(CNPC，简称“中石油”)。1996年，原中国石油天然气总公司对ISO/CD14690标准草案进行了翻译，并结合自身经验对其进行了“中国化”，于次年颁布了行业标准《石油天然气工业健康、安全与环境管理体系》(SY/T 6276—1997)，极大地促进了我国油气行业HSE管理的发展。2004年，中石油对SY/T 6276—1997进行了修订，颁布了《健康、安全与环境管理体系第1部分：规范》(Q/CNPC 104.1—2004)，于当年10月1日开始实施。2007年，中石油又对Q/CNPC 104.1—2004进行了修订，新的标准为《健康、安全与环境管理体系第1部分：规范》(Q/SY 1002.1—2007)，该标准具有更强的通用性，也标志着中石油的HSE管理进入了新的阶段。

(2) 中国石油化工集团有限公司(Sinopec Group，简称“中国石化”)。2001年，中国石化发布了《中国石油化工集团公司安全、环境与健康管理体系》(Q/SHS 0001.1—2001)等一系列HSE管理体系标准，这些标准也成为其他企业建立HSE体系的指南。与中石油类似，中国石化的HSE管理体系也是在参照国外标准的基础上，结合了自身的优点制定的。

在学术研究方面，同样有不少学者在借鉴外国企业HSE发展的基础上，结合我国自身的实际情况，研究出了不少具有实际意义的成果。

总体来说，我国的HSE管理水平还处在初级阶段，需要加强向国外先进企业学习。但相比于20年前，我们已取得了长足的进步，从不知道HSE为何物，发展到如今的大量企业建立起了HSE管理体系，且管理层和员工对HSE的认识也在不断提高。

三、我国 HSE 体系建设存在的问题

我国 HSE 管理体系建设在过去的几十年中虽取得了长足的进步，但在对 HSE 制度的认知、执行等方面还存在着不少问题。

归纳而言，我国企业的 HSE 体系建设主要存在以下几个方面的问题：

(1) 缺乏对市场竞争和风险的认识，忽视了 HSE 管理对企业收益的影响。

(2) 对西方管理制度和模式的本质与核心认识不足，不能消化理解，而机械地照搬照抄，对于自身原有的好的管理经验全盘否定。

(3) 管理层对员工的约束不够，员工的积极性不高，发生问题后，也只是对员工进行轻微的惩罚，这又挫伤了 HSE 管理部门的积极性，最终导致 HSE 管理流于形式。

(4) 对 HSE 管理的重视程度不够，HSE 管理层领导在企业内部地位不高，缺乏话语权，导致 HSE 管理失去了长期性和科学性。

(5) 管理层脱离实际，无法对实际生产起到实质性的指导作用，无法调动员工积极性。

(6) 缺乏安全管理投入，意识不到 HSE 管理带来的潜在收益。

第二节 "0123"安全管理模式

鞍山钢铁集团有限公司(简称"鞍山钢铁公司")提出了"0123"安全管理模式。概括起来说，"0123"安全管理模式是以"事故为零"为目标，以"一把手"负责制为核心的安全生产责任制为保证，以标准化作业和安全标准化班组建设为基础，以全员教育、全面管理、全线预防为对策的安全管理模式。

(一)"事故为零"

"事故为零"指所有职工都以伤害事故为零作为奋斗目标开展目标管理，保障自己和他人在生产经营活动中的安全健康，确保生产经营活动中的安全健康，确保生产经营活动的稳定进行。

在开展安全目标管理中，要坚持严明职责、严密制度、严肃纪律和严格考核的从严治厂原则，运用强制手段保证安全目标的顺利实现。

(二)"一把手"负责制为核心的安全生产责任制

"一把手"负责制为核心的安全生产责任制，是指各级党政工团的第一负责人共同对安全生产负主要责任；企业各个管理和技术部门实行专业管理，分兵把口，齐抓共管；各个岗位人员要人人负安全生产责任。

"一把手"负责制是指企业各级组织机构的党政工团第一负责人("一把手")都对职权范围内的安全生产全面负责。这是因为，安全生产在生产经营活动中居第一的位置，就必须由"一把手"管。只有"一把手"管，才能迅速果断地对安全生产重大问题做出决策，才

能调动全员认真管安全生产，才能统筹全局，改变企业的安全生产状况。

（三）标准化作业和安全标准化班组

1. 标准化作业

鞍山钢铁公司以标准化活动的形式推广标准化作业。标准化作业活动的全部内容包括制定作业标准、落实作业标准和对作业标准的实施进行监督考核。其具体做法有以下几点：

（1）加强领导，建立标准化组织体系。企业成立标准化领导机构，由企业的主要领导负责，分管领导和有关部门人员参加；同时成立标准化管理机构，统筹规划，组织、协调、指导标准化工作。

（2）大力开展标准化作业的宣传教育，有针对性地解决干部群众的认识问题。

（3）开展安全意识评价活动，组织各单位、各部门人人评价、层层评价，通过安全意识评价和大讨论，引导广大职工认清标准化作业是自我防护的最好措施，自觉与习惯作业决裂，促进由"要我安全"向"我要安全""我会安全"的转变。

（4）组织经常性的学习训练，克服习惯作业，不断提高标准化作业意识和标准化作业技能。

（5）对标准化作业的实施加强检查、严格考核。要建立标准化作业检查制度和考核制度，实行经常性检查和定期检查制度，考核上要采取逐级考核、定量考核、定期考核的方式，考核结果要与经济责任制挂钩，发挥经济杠杆的作用。

（6）注意发现和培养先进典型经验，以点带面，推进标准化作业活动步步深入。

2. 标准化班组

班组是企业最基层的生产单位，是企业有机整体的细胞，是精神文明建设和物质文明建设的前沿阵地，也是企业一切工作的落脚点。搞好班组建设，对提高企业整体素质、保持行业的旺盛活力、完成生产经营目标具有十分重要的意义。

安全标准化班组建设是企业班组建设的一个重要方面。安全标准化班组建设，就是以"事故为零"为目标，以加强班组安全全面管理、提高群体安全素质为主要内容，采取各种有效形式开展达标活动，实现个人无违章、岗位无隐患、班组无事故的目标。

标准化作业是以作业标准去规范生产活动中的行为，主要是控制个体行为问题，而安全标准化班组建设是控制群体行为、实现班组生产作业条件安全的问题。全面加强班组安全管理，提高班组成员的群体素质，提高班组生产作业条件的安全水平，既能保证标准化作业的落实、消除人的不安全行为，又能改善生产作业条件，消除物、环境的不安全因素。这样，同时抓好标准化作业和安全标准化班组，就能有效地控制事故的发生。

鞍山钢铁公司标准化班组的基本条件如下：

（1）班组长要经过安全培训考试并达到合格，具备识别危险、控制事故的能力，班组成员要有"安全第一"的意识和"我管安全"的责任，完成"我保安全"的任务。

（2）熟练掌握本岗位安全技术规程和作业标准，做到考试合格上岗，并百分之百地贯彻执行规程和标准。

(3) 开好班前会、过好安全活动日，开展标准化作业练兵和安全教育等。

(4) 做到工具、设备无缺陷和隐患，安全防护装置齐全、完好、可靠，作业环境整洁良好，安全通道畅通，安全标志醒目，正确使用、佩戴个体防护用品。

(5) 危险源要有标志，对危险控制有措施，责任落实到人。

(6) 班组有考核制度，严格考核，奖罚分明。

(7) 实现个人无违章、岗位无隐患、班组无事故。

(四) 全员教育、全面管理、全线预防

全员教育、全面管理、全线预防是实现安全生产的具体对策，它体现了安全工作必须全员参加、全方位管理、全过程控制的现代安全管理原则。

全员教育是指对企业的全体职工(从厂长到工人)及其家属的安全教育。安全生产是全体职工的事，必须发动群众、依靠群众。对企业领导到每名职工乃至家属都要进行教育，提高整体的安全意识和安全技能，培养良好的安全习惯。

全面管理是对生产过程中的人、工艺、设备、环境等因素进行安全管理。要通过推行标准化作业消除不安全行为；要制定先进合理的工艺流程，搞好工序衔接，优化工艺技术；要搞好设备维修，消除设备缺陷，开展查隐患、查缺陷、搞整改活动，完善安全防护装置，实现物的安全；要开展群众性的整理、整顿活动，使环境整洁，以改善生产作业环境。

全线预防是针对企业生产经营各条战线、各个层次中存在的危险源进行识别、评价和控制，通过多重控制形成多道安全生产防线。

第三节　安全培训观察程序

安全训练观察程序(Safety Training Observation Program，STOP)是一种以行为为基准的观察程序。STOP 训练可以帮助员工改变不安全行为，以达到安全目的。STOP 通过鼓励员工开展安全观察和讨论，识别工作过程中的不安全行为和不安全状态。STOP 是一个循环，包括：

(1) 决定要做安全观察。

(2) 在工作期间确定安全观察的时间。

(3) 观察工作人员和工作现场，识别不安全行为或不安全状态。

(4) 发现隐患后，以积极的方式与同事交流，及时采取补救措施。确保被观察人可以安全地停下手中的工作后，观察人员要针对所发现的隐患与被观察人进行面对面的交流。

(5) 以隐患报告卡的方式将所观察到的隐患报告给主管。报告人要签字，但不要涉及被观察者的姓名。

(6) 如果观察到了不安全行为的趋势，就要制订改进目标和改进计划。

(一) STOP 和员工五步工作法的区别

(1) 针对的对象不同。STOP 是管理人员对员工行为进行观察分析的方法。五步工作法是针对员工进行全方位危险源辨识的方法。

(2) 观察的范围不同。STOP 是以管理者的角度对员工的不安全行为进行监管的方法(包括员工行为、员工所处工作环境和员工使用工具、设备的安全性)。五步工作法是以员工自身的角度从场所的全方位进行安全辨识和自我防范的方法。

(3) 处置方法不同。STOP 通过常态化的观察和统计分析，摸索员工不安全行为的特点，采取现场询问指正和集中培训的方法帮助员工改变不安全行为。员工五步工作法是员工现场危险辨识和自行处置的方法。

(二) 遵照 STOP 可以取得的效果

(1) 伤害及意外事件减少 50%～60%。

(2) 事故赔偿或损失成本降低。

(3) 员工安全意识提升。

(4) 沟通技巧改善。

(5) 督导及管理技巧改善。

(三) STOP 的安全理念

(1) 所有的工作伤害和职业疾病都可以预防。

(2) 安全是每一个人的责任。

(3) 管理阶层要直接为预防工作伤害和职业疾病负责。

(4) 安全是受雇的条件之一。

(5) 训练是作业区安全的要素。

(6) 安全稽核不可或缺。

(7) 要加强工作安全实务，所有不安全的行为及环境必须立即改正。

(8) 工作伤害和职业疾病，以及可能造成伤害的事故，都要加以查明。

(9) 非工作时间的安全是整体安全工作的重要一环。

(10) 伤害和职业疾病的预防是值得做的事。

(11) 安全及健康计划要成功，人是最关键的因素。

第四节　危险预知训练 (KYT)

一、实施危险预知训练的步骤

实施 KYT 活动的总体步骤可以分为“培训—编写—实施—总结—再实施”5 个环节，可以由各车间确定一名领导专门负责。

（一）培训

（1）举办厂、车间（工段）级领导参加的KYT活动管理培训班和班组长（作业小组长）、组员参加的KYT活动编写、实施培训班。

（2）培训进行到第5个周期时，将岗位KYT日常安全知识学习考试内容加以巩固深化，这是KYT活动培训的一项重要手段。

（3）举办KYT工作交流会。根据KYT工作开展情况，选择KYT工作做得好、有代表性的个人、班组、车间在会上进行交流并表彰，不断推进该项工作持续深入开展。

（二）编写

编写的内容包括生产作业线、设备检修线和事故案例（针对具体问题）3种。在实际运作中，往往将"事故案例"中的"危险因素—防范措施"作为生产（检修）线中KYT卡的重要条款列入。

（1）细分作业内容：根据生产（检修）线上的作业内容进行细分。先由班组长、安全生产骨干写出初稿，再由工艺、设备管理人员进行审查，确定编制KYT卡的各个结点。按照作业频率将其内容划分为经常性的（临时性的）和突发性的，将经常性的和临时性的作业内容纳入编写范围，突发性的（事故）抢修作业程序按预案与响应方案实施。

（2）每位组员根据各自的作业项目（任务），查找作业现场（对象）及其作业过程中潜在的危险因素和应采取的防范措施，并填写包含这些内容的KYT卡。

（3）班组长召集班组成员对每张KYT卡进行交流、讨论并修改。

（4）车间领导召集班组长和安全生产骨干对各班组上交的KYT卡进行集体"会诊"，集思广益，查漏补缺，进一步细化、完善KYT卡的内容。

（5）厂安全部门组织各职能部门的技术管理人员对各车间上交的KYT卡进行综合审定，去粗取精，去伪存真。

（6）安全部门再综合规范，最后定稿。

（7）主管安全工作的厂领导审定后签发执行。

（三）实施

实施的过程就是训练、应用的过程，其形式有以下3种：

（1）组会训练。以班前会、班中会和周安全活动的形式进行。如在作业前进行有针对性的宣讲、确认，结合当班的作业项目和分工安排，再次学习KYT卡，对在具体的作业过程中还会存在的危险因素与防范措施进行补充。通过班组讨论、个人思考，达到理解以至会用。

（2）辨识性训练。在具体作业过程中应用KYT卡，通过发现问题和不足、掌握解决问题的方法，从而在操作中检验KYT卡的可行性，不断提高其适用性。

（3）解决问题训练。在实施岗位KYT卡过程中，若发生了卡中未涉及的危险或防范措施而发生了事故，就应当结合问题，及时补充完善KYT卡。

(四) 总结

总结的目的在于对遗漏的项目和条款进行补充、修订,使信息得到及时反馈,找出不足与差距,提出改进措施,提高 KYT 卡的时效性。

班组每周在安全会议上进行小结,班组长将收集到的 KYT 卡修订内容进行讨论后交车间汇总。车间每两周召集班组长和安全生产骨干对 KYT 卡片进行讨论、修订,再交厂安全部门。安全部门每月召集各职能部门的技术管理人员对 KYT 卡片进行修订,再交主管厂领导审定后下发执行。

(五) 再实施

将重新修订后的 KYT 卡再次发到班组实施。

上述工作完成后即成为一个 KYT 工作(循环)周期。一般来说,从第 5 个周期开始,就应当挖掘式地修订 KYT 卡。

二、实施 KYT 活动的作用与绩效

KYT 活动覆盖了生产(检修)的各岗位,如果说生产(检修)全过程为一张编制有序的大网,那么 KYT 卡就像网中的各个结点,在安全生产中发挥着巨大的作用:

(1) 在作业前起到量化了的岗位安全检查表的作用;

(2) 在相邻或交叉作业中起确认作用;

(3) 在单机(单人)作业中起互保作用;

(4) 在程序性很强的作业中起标准化作业的作用。

KYT 活动突出了以人为本的管理思想,把“不安全不生产,隐患未排除不生产,防范措施未落实不生产”的规定落实到了具体岗位,起到了“我会安全”的作用。

第五节 5S 管理法

一个良好的工作现场、操作现场有利于企业吸引人才、创建企业文化、降低损耗和提高工作效率,同时可以大幅度提高全体人员的素质,培育爱岗敬业精神。5S 管理法作为一种科学的管理思想、管理方式,目前在发达国家应用广泛,被认为是一种最基本、最有效的现场管理方法,5S 管理法是企业提高生产效率、降低成本,树立竞争优势的关键,也是防止事故发生的基础。

一、5S 的内容

(一) 整理(SEIRI)

整理是彻底把需要与不需要的人、事、物分开,再将不需要的人、事、物加以处理,这是改善生产现场的第一步。整理的关键是对“留之无用,弃之可惜”的观念予以突破。

整理的要点如下：① 确定每件物品是必需品；② 如果是必需品，也要适景，将必需品的数量降到最少；③ 如果是非必需品，即在这个地方不需要的东西但在别的地方或许有用，并不是“完全无用”，应寻找它合适的位置；④ 要区分对待马上要用的、暂时不用的、长期不用的；⑤ 当场地不够时，不要先考虑增加场所，要先整理现有的场地。

整理的目的是：① 改善和增加作业面积；② 现场无杂物，行道通畅，提高工作效率；③ 减少磕碰的机会，保障安全，提高质量；④ 消除管理上的混放、混料等差错事故；⑤ 有利于减少库存，节约资金；⑥ 改变作风，提高工作情绪。

（二）整顿（SEITON）

整顿是把需要的人、事、物加以定量和定位，对生产现场需要留下的物品进行科学合理的布置和摆放，以便用最快的速度取得所要之物，在简洁有效的规章、制度、流程下完成事务。简言之，整顿就是人和物放置方法的标准化。

整顿是研究提高效率方面的科学，它研究怎样才可以立即取得物品，以及如何能立即将物品放回原位。整顿可以将寻找的时间减少，使异常（如丢失、如损坏）马上被发现，能让其他人员迅速找到物品并能将其放回原处，使其标准化。

整顿的目的包括：① 工作场所一目了然；② 整齐的工作环境；③ 缩短找寻物品的时间，消除过多的积压物品，有利于提高工作效率，提高产品质量，保证生产安全。

（三）清扫（SEISO）

清扫是将工作场所、环境、仪器设备、材料、工具等上的灰尘、污垢、碎屑、泥沙等脏东西清扫、擦拭干净。

清扫过程是根据整理、整顿的结果，将不需要的部分清除掉，或者标示出来放在仓库之中。清扫活动的关键是按照企业的具体情况确定清扫对象、清扫人员、清扫方法，准备清扫器具，实施清扫的步骤，做到自己使用的物品（如设备、工具等）自己清扫，不增加专门的清扫工，而且设备的清扫要着眼于设备的维护和保养。

（四）清洁（SEIKETSU）

清洁是在整理、整顿、清扫之后，认真维护、保持环境的最佳状态，即形成制度和习惯。清洁是对前三项活动的坚持和深入，以消除安全事故根源、创造一个良好的工作环境为目的，使员工能愉快工作，有利于企业提高生产效率，改善管理的绩效。

清洁活动实施时，需要秉持三个观念：① 只有在清洁的工作场所才能生产出高效率、高品质的产品；② 清洁是一种用心的行动；③ 清洁是一种随时随地的工作。

清洁活动的要点是：坚持“三不要”的原则，即不要放置不用的东西，不要弄乱，不要弄脏。

在产品的生产过程中，永远会伴随着无用物品的产生，这就需要不断加以区分，随时将其清除，这就是清洁的目的。

（五）素养（SHITSUKE）

素养就是培养全体员工良好的工作习惯、组织纪律和敬业精神，提高人员的素质，营造团队精神。这是5S管理活动的核心，也是各项活动顺利开展、持续进行的关键。在开展5S管理活动中，要贯彻自我管理的原则，具体应做到：① 学习、理解并努力遵守使它成为每个人应具备的一种修养；② 领导者的热情帮助与被领导者的努力自律相结合；③ 有较高的合作、奉献精神和职业道德；④ 互相信任，管理公开化、透明化；⑤ 勇于自我检讨反省，为他人着想，为他人服务。

二、5S中各部分之间的关系

5S中的5个部分不是孤立的，它们是一个相互联系的有机整体。整理、整顿、清扫是进行日常5S活动的具体内容；清洁则是指对整理、整顿、清扫工作的规范化和制度化管理，以便使其持续开展；素养是要求员工建立自律精神，养成自觉进行5S管理的良好习惯。

综上所述，5S管理法的一个重要的目的是实现安全生产，安全是一切工作的前提。以实现安全为最终目的的5S管理法被称为5S安全管理法，它主要针对危险行业，例如煤矿行业、化工行业等。目前，有部分企业正在接受这一管理方法，但实施的广泛性和效果有待增强，所以5S管理法的知识有待普及和推广。

思　考　题

请具体阐述安全管理体系的建立与发展应结合哪些具体因素。

第七章
事故应急管理

第一节　事故应急管理概论

应急管理与日常管理不同，是一种特殊的管理形态，即非常态管理。应急管理是针对可能或已经发生的突发公共事件，为了减少突发事件发生或防止突发事件扩大，基于事件情景分析和风险管理过程及后果而进行的一系列有计划、有组织的管理过程。应急管理包括建立必要的应对机制，采取必要的应对措施，合理运用科学、技术、规划与管理等手段，最大限度地减少突发事件的负面影响，保障公民的生命健康和财产安全，促进社会和谐健康发展。

安全生产事故的应急管理一般指针对突发性、破坏性强的安全生产事故所采取的一系列有计划、有组织的预防、响应和恢复工作，其主要目标是：对事故灾难作出预警，对事故隐患进行处理，减少事故的发生，对可能出现的状况编制应急预案，进行应急演练，在事故发生时能够迅速反应，减少损失，控制事故灾害发生与扩大，开展有效救援，减少损失和迅速组织恢复正常状态。

我国的应急管理体系可被概括为"一案三制"体系。

(1) 应急预案：是应急管理的重要基础，是中国应急管理体系建设的首要任务。

(2) 应急管理体制：国家建立统一领导、综合协调、分类管理、分级负责、属地管理为主的应急管理体制。

(3) 应急管理机制：是指突发事件全过程中各种制度化、程序化的应急管理方法与措施。

(4) 应急管理法制：在深入总结群众实践经验的基础上，制订各级各类应急预案，形成应急管理体制机制，并且最终上升为一系列的法律、法规和规章，使突发事件应对工作基本上做到有章可循、有法可依。

应急管理可以分为 4 个阶段：预防、准备、响应和恢复。

(1) 预防阶段：为预防、控制和消除事故对人类生命财产长期危害所采取的行动(无论事故是否发生，企业和社会都处于风险之中）。主要工作内容有风险辨识、评价与控制，安全规划，安全研究，安全法规、标准制定，危险源监测、监控，事故灾害保险，税收激励与强制性措施等。

（2）准备阶段：事故发生之前采取的各种行动，目的是提高事故发生时的应急行动能力。主要工作内容有制定应急救援方针与原则、应急救援工作机制，编制应急救援预案，筹备应急救援物资、装备，进行应急救援培训、演习，签订应急互助协议，建立应急救援信息库等。

（3）响应阶段：事故即将发生前、发声期间和发生后立即采取的行动。目的是保护人员的生命，减少财产损失，控制和消除事故。主要工作内容有启动相应的应急系统和组织，报告有关政府机构，实施现场指挥和救援，控制事故扩大并消除影响，帮助人员疏散和避难，环境保护和监测，现场搜寻和营救等。

（4）恢复阶段：事故后，使生产、生活恢复到正常状态或得到进一步的改善。主要工作内容有损失评估、理赔、清理废墟、灾后重建、应急预案复查、事故调查等。

第二节　事故应急救援体系

在任何工业活动中都有可能发生事故，一旦发生重大事故，往往造成惨重的生命、财产损失和环境破坏。由于自然或人为等原因，当事故或灾害不可能完全避免的时候，建立重大事故应急救援体系，组织及时有效的应急救援行动已成为抵御事故或控制灾害蔓延、减轻危害后果的关键甚至是唯一手段。《中华人民共和国安全生产法》《中华人民共和国突发事件应对法》《国家安全生产事故灾难应急预案》等法规中确定了应急管理的工作原则：以人为本，安全第一；条块结合，属地为主；依靠科学，依法规范；预防为主，平战结合。

一、事故应急救援的基本任务和特点

（一）基本任务

事故应急救援的总目标是通过有效的应急救援行动，尽可能地减少事故造成的后果，包括人员伤亡、财产损失和环境破坏等。事故应急救援的基本任务包括下述几个方面：

（1）立即组织营救受害人员，组织撤离或者采取其他措施保护危害区域内的其他人员。抢救受害人员是应急救援的首要任务，在应急救援行动中，快速、有序、有效地实施现场急救与安全转送伤员是降低伤亡率、减少事故损失的关键。由于重大事故发生突然、扩散迅速、涉及范围广、危害大，应及时指导和组织群众采取各种措施进行自身防护，必要时迅速撤离危险区或可能受到危害的区域。在撤离过程中，应积极组织群众开展自救和互救工作。

（2）迅速控制事态，并对事故造成的危害进行检测、监测，测定事故的危害区域、危害

性质及危害程度。及时控制住造成事故的危险源是应急救援工作的重要任务，只有及时地控制住危险源，防止事故继续扩展，才能及时有效地进行救援。特别是发生在城市或人口稠密地区的化学事故，应尽快组织工程抢险队与事故单位技术人员一起及时控制事故继续扩展。

(3) 消除危害后果，做好现场恢复。针对事故对人体、动植物、土壤、空气等造成的现实危害和可能的危害，迅速采取封闭、隔离、洗消、监测等措施，防止对人的继续危害和对环境的污染，及时清理废墟和恢复基本设施，将事故现场恢复至相对稳定的基本状态。

(4) 查清事故原因，评估危害程度。事故发生后应及时调查事故发生的原因和事故性质，评估事故的危害范围和危险程度，查明人员伤亡情况，做好事故调查。

(二) 特点

重大事故往往具有发生突然、扩散迅速、危害范围广的特点，这决定了应急救援行动必须做到迅速、准确和有效。

(1) 迅速：建立快速应急响应机制，迅速准确地传递事故信息，迅速地召集所需的应急力量和设备、物质等资源，迅速建立统一指挥和协调系统，开展救援活动。

(2) 准确：有相应的应急决策机制，能基于事故的规模、性质、特点、现场环境等信息，正确预测其发展趋势，准确地对应急救援行动和战术进行决策。

(3) 有效：应急救援行动的有效性在很大程度上取决于应急准备的充分性，包括应急队伍的建设与训练，应急设备和物质的配备与维护，应急预案的落实情况，以及有效的外部增援机制等。

二、事故应急救援的相关法律法规要求

近年来，我国政府相继颁布的一系列法律法规，如《危险化学品安全管理条例》《国务院关于特大安全事故行政责任追究的规定》《安全生产法》《特种设备安全监察条例》等，对危险化学品、特大安全事故、重大危险源等应急救援工作作出了相应的规定和要求。

《危险化学品安全管理条例》第六十九条规定，县级以上地方人民政府安全生产监督管理部门应当会同工业和信息化、环境保护、公安、卫生、交通运输、铁路、质量监督检验检疫等部门，根据本地区实际情况，制定危险化学品事故应急预案，报本级人民政府批准。第七十条规定，危险化学品单位应当制定本单位危险化学品事故应急预案，配备应急救援人员和必要的应急救援器材、设备，并定期组织应急救援演练。危险化学品单位应当将其危险化学品事故应急预案报所在地设区的市级人民政府安全生产监督管理部门备案。

《国务院关于特大安全事故行政责任追究的规定》第七条规定，市(地、州)、县(市、区)人民政府必须制定本地区特大安全事故应急处理预案。

《安全生产法》第十八条规定，生产经营单位的主要负责人具有组织制定并实施本单位的生产安全事故应急救援预案的职责。第三十七条规定，生产经营单位对重大危险源应当登记建档，进行定期监测、评估、监控，并制定应急预案，告知从业人员和相关人员在

紧急情况下应当采取的应急措施。第七十七条规定，县级以上地方各级人民政府应当组织有关部门制定本行政区域内生产安全事故应急救援预案，建立应急救援体系。

《特种设备安全监察条例》第六十五条规定，特种设备安全监督管理部门应当制定特种设备应急预案。特种设备使用单位应当制定事故应急专项预案，并定期进行事故应急演练。

《使用有毒物品作业场所劳动保护条例》（国务院令第352号）第十六条规定，从事使用高毒物品作业的用人单位，应当配备应急救援人员和必要的应急救援器材、设备，制定事故应急救援预案，并根据实际情况变化对应急预案适时进行修订，定期组织演练。事故应急救援预案和演练记录应当报当地卫生行政部门、安全生产监督管理部门和公安部门备案。

《中华人民共和国职业病防治法》第二十条规定，用人单位应当建立、健全职业病危害事故应急救援预案。

《中华人民共和国消防法》第十六条规定，消防安全重点单位应当落实消防安全责任制，制定本单位的消防安全制度、消防安全操作规程，制定灭火和应急疏散预案；组织进行有针对性的消防演练。

三、重大事故应急救援体系的构成

一个完整的应急救援体系应由组织体制、运作机制、法制基础和保障系统四部分构成。

(1) 组织体制：包括管理机构、指挥中心、功能部门、救援队伍；从组织体制上保证有兵可用、听从指挥。

(2) 运作机制：包括统一指挥、分级响应、属地为主、公众动员。应急救援的组织，也包括事故所影响到的居民群众，都需要有效的运作。

(3) 法制基础：包括紧急状态法、应急管理条例、政府令、标准等。做到"依法行使，依法行政"，这也是我国法制建设的一个基本要求。

(4) 保障系统：包括信息通信、物质装备、人力资源、财务经费。在事故发生以后，要和各方进行及时的联络，必须有通信及物质、人员和经费的保障，应急救援工作才会顺利地进行。

生产经营单位的应急预案体系主要由综合应急预案、专项应急预案和现场处置方案构成。生产经营单位应根据本单位的组织管理体系、生产规模、危险源的性质以及可能发生的事故类型确定应急预案体系，并可根据本单位的实际情况，确定是否编制专项应急预案。风险因素单一的小微型生产经营单位可只编写现场处置方案。

(1) 综合应急预案：是生产经营单位应急预案体系的总纲，主要从总体上阐述事故的应急工作原则，包括生产经营单位的应急组织机构及职责、应急预案体系、事故风险描述、预警及信息报告、应急响应、保障措施、应急预案管理等内容。

(2) 专项应急预案：是生产经营单位为应对某一类型或某几种类型事故，或者针对重要生产设施、重大危险源、重大活动等内容而制定的应急预案。专项应急预案主要包括事故风险分析、应急指挥机构及职责、处置程序和措施等内容。

(3) 现场处置方案：是生产经营单位根据不同事故类型，针对具体的场所、装置或设施所制定的应急处置措施，主要包括事故风险分析、应急工作职责、应急处置和注意事项等内容。生产经营单位应根据风险评估、岗位操作规程以及危险性控制措施，组织本单位现场作业人员及安全管理专业人员共同编制现场处置方案。

第三节　事故应急预案

为规范生产安全事故应急预案管理工作，迅速有效处置生产安全事故，依据《中华人民共和国突发事件应对法》《中华人民共和国安全生产法》等法律和《突发事件应急预案管理办法》(国办发〔2013〕101 号)，制定了《生产安全事故应急预案管理办法》。

应急预案的管理实行属地为主、分级负责、分类指导、综合协调、动态管理的原则。中华人民共和国应急管理部负责全国应急预案的综合协调管理工作。国务院其他负有安全生产监督管理职责的部门在各自职责范围内，负责相关行业、领域应急预案的管理工作。县级以上地方各级人民政府应急管理部门负责本行政区域内应急预案的综合协调管理工作。县级以上地方各级人民政府其他负有安全生产监督管理职责的部门按照各自的职责负责有关行业、领域应急预案的管理工作。生产经营单位主要负责人负责组织编制和实施本单位的应急预案，并对应急预案的真实性和实用性负责；各分管负责人应当按照职责分工落实应急预案规定的职责。

生产经营单位应急预案分为综合应急预案、专项应急预案和现场处置方案。综合应急预案是指生产经营单位为应对各种生产安全事故而制定的综合性工作方案，是本单位应对生产安全事故的总体工作程序、措施和应急预案体系的总纲。专项应急预案是指生产经营单位为应对某一种或者多种类型生产安全事故，或者针对重要生产设施、重大危险源、重大活动防止生产安全事故而制定的专项性工作方案。现场处置方案是指生产经营单位根据不同生产安全事故类型，针对具体场所、装置或者设施所制定的应急处置措施。

一、应急预案的编制

应急预案的编制应当遵循以人为本、依法依规、符合实际、注重实效的原则，以应急处置为核心，明确应急职责、规范应急程序、细化保障措施。

(一) 应急预案编制的基本要求

(1) 符合有关法律、法规、规章和标准的规定；

(2) 符合本地区、本部门、本单位的安全生产实际情况；

(3) 符合本地区、本部门、本单位的危险性分析情况；

(4) 应急组织和人员的职责分工明确，并有具体的落实措施；

(5) 有明确、具体的应急程序和处置措施，并与其应急能力相适应；

(6) 有明确的应急保障措施，满足本地区、本部门、本单位的应急工作需要；

(7) 应急预案基本要素齐全、完整，应急预案附件提供的信息准确；

(8) 应急预案内容与相关应急预案相互衔接。

(二) 应急预案编制步骤

生产经营单位应急预案编制程序包括成立应急预案编制工作组、资料收集、风险评估(风险源和风险分析)、应急能力评估、编制应急预案等5个步骤。

1. 成立应急预案编制工作组

编制应急预案应当成立编制工作小组，由本单位有关负责人任组长，吸收与应急预案有关的职能部门和单位的人员，以及有现场处置经验的人员参加。生产经营单位应结合本单位部门职能和分工，成立以单位主要负责人(或分管负责人)为组长，单位相关部门人员参加的应急预案编制工作组，明确工作职责和任务分工，制订工作计划，组织开展应急预案编制工作。

2. 资料收集

应急预案编制工作组应收集与预案编制工作相关的法律法规、技术标准、应急预案、国内外同行业企业事故资料，同时收集本单位安全生产相关技术资料、周边环境影响、应急资源等有关资料。

3. 风险评估(危险源和风险分析)

编制应急预案前，编制单位应当进行事故风险评估和应急资源调查。事故风险评估是指针对不同事故种类及特点，识别存在的危险因素，分析事故可能产生的直接后果以及次生、衍生后果，评估各种后果的危害程度和影响范围，提出防范和控制事故风险措施的过程。应急资源调查是指全面调查本地区、本单位第一时间可以调用的应急资源状况和合作区域内可以请求援助的应急资源状况，并结合事故风险辨识评估结论制定应急措施的过程。

风险评估的主要内容包括：

(1) 分析生产经营单位存在的危险因素，确定事故危险源；

(2) 分析可能发生的事故类型及后果，并指出可能产生的次生、衍生事故；

(3) 评估事故的危害程度和影响范围，提出风险防控措施。

4. 应急能力评估

在全面调查和客观分析生产经营单位应急队伍、装备、物资等应急资源状况的基础上开展应急能力评估，并依据评估结果，完善应急保障措施。

5. 编制应急预案

依据生产经营单位风险评估以及应急能力的评估结果，组织编制应急预案。应急预案编制应注重系统性和可操作性，做到与相关部门和单位应急预案相衔接。

（三）编制的注意事项

地方各级人民政府应急管理部门和其他负有安全生产监督管理职责的部门应当根据法律、法规、规章，同级人民政府以及上一级人民政府应急管理部门和其他负有安全生产监督管理职责的部门的应急预案，结合工作实际，组织编制相应的部门应急预案。部门应急预案应当根据本地区、本部门的实际情况，明确信息报告、响应分级、指挥权移交、警戒疏散等内容。生产经营单位应当根据有关法律、法规、规章和相关标准，结合本单位组织管理体系、生产规模和可能发生的事故特点，与相关预案保持衔接，确立本单位的应急预案体系，编制相应的应急预案，并体现自救互救和先期处置等特点。

生产经营单位风险种类多、可能发生多种类型事故的，应当组织编制综合应急预案。综合应急预案应当规定应急组织机构及其职责、应急预案体系、事故风险描述、预警及信息报告、应急响应、保障措施、应急预案管理等内容。对于某一种或者多种类型的事故风险，生产经营单位可以编制相应的专项应急预案，或将专项应急预案并入综合应急预案。专项应急预案应当规定应急指挥机构与职责、处置程序和措施等内容。对于危险性较大的场所、装置或者设施，生产经营单位应当编制现场处置方案。现场处置方案应当规定应急工作职责、应急处置措施和注意事项等内容。事故风险单一、危险性小的生产经营单位，可以只编制现场处置方案。

生产经营单位应急预案应当包括向上级应急管理机构报告的内容、应急组织机构和人员的联系方式、应急物资储备清单等附件信息。附件信息发生变化时，应当及时更新，确保准确有效。生产经营单位组织在编制应急预案过程中，应当根据法律、法规、规章的规定或者实际需要，征求相关应急救援队伍、公民、法人或者其他组织的意见。生产经营单位编制的各类应急预案之间应当相互衔接，并与相关人民政府及其部门、应急救援队伍和涉及的其他单位的应急预案相衔接。生产经营单位应当在编制应急预案的基础上，针对工作场所、岗位的特点，编制简明、实用、有效的应急处置卡。应急处置卡应当规定重点岗位、人员的应急处置程序和措施，以及相关联络人员和联系方式，便于从业人员携带。

二、应急预案的评审、公布和备案

地方各级人民政府应急管理部门应当组织有关专家对本部门编制的部门应急预案进行审定；必要时，可以召开听证会，听取社会有关方面的意见。矿山、金属冶炼企业和易燃易爆物品、危险化学品的生产、经营（带储存设施的，下同）、储存、运输企业，以及使用危险化学品达到国家规定数量的化工企业、烟花爆竹生产、批发经营企业和中型规模以上的其他生产经营单位，应当对本单位编制的应急预案进行评审，并形成书面评审纪要。参加应急预案评审的人员应当包括有关安全生产及应急管理方面的专家。评审人员与所评审应急预案的生产经营单位有利害关系的，应当回避。应急预案的评审或者论证应当注重基本要素的完整性、组织体系的合理性、应急处置程序和措施的针对性、应急保障措施的可行性、应急预案的衔接性等内容。

生产经营单位的应急预案经评审或者论证后，由本单位主要负责人签署，向本单位从业人员公布，并及时发放到本单位有关部门、岗位和相关应急救援队伍。事故风险可能影响周边其他单位、人员的，生产经营单位应当将有关事故风险的性质、影响范围和应急防范措施告知周边的其他单位和人员。

地方各级人民政府应急管理部门的应急预案，应当报同级人民政府备案，同时抄送上一级人民政府应急管理部门，并依法向社会公布。地方各级人民政府其他负有安全生产监督管理职责的部门的应急预案，应当抄送同级人民政府应急管理部门。

易燃易爆物品、危险化学品等危险物品的生产、经营、储存、运输单位，矿山、金属冶炼、城市轨道交通运营、建筑施工单位，以及宾馆、商场、娱乐场所、旅游景区等人员密集场所的经营单位，应当在应急预案公布之日起20个工作日内，按照分级属地原则，向县级以上人民政府应急管理部门和其他负有安全生产监督管理职责的部门进行备案，并依法向社会公布。

生产经营单位申报应急预案备案，应当提交下列材料：

(1) 应急预案备案申报表；

(2) 部分单位应当提供应急预案评审意见；

(3) 应急预案电子文档；

(4) 风险评估结果和应急资源调查清单。

受理备案登记的负有安全生产监督管理职责的部门应当在5个工作日内对应急预案材料进行核对，材料齐全的，应当予以备案并出具应急预案备案登记表；材料不齐全的，不予备案并一次性告知需要补齐的材料。逾期不予备案又不说明理由的，视为已经备案。对于实行安全生产许可的生产经营单位，已经进行应急预案备案的，在申请安全生产许可证时，可以不提供相应的应急预案，仅提供应急预案备案登记表。

各级人民政府负有安全生产监督管理职责的部门应当建立应急预案备案登记建档制度，指导、督促生产经营单位做好应急预案的备案登记工作。

三、应急预案的实施

各级人民政府应急管理部门、各类生产经营单位应当采取多种形式开展应急预案的宣传教育，普及生产安全事故避险、自救和互救知识，提高从业人员和社会公众的安全意识与应急处置技能。各级人民政府应急管理部门应当将本部门应急预案的培训纳入安全生产培训工作计划，并组织实施本行政区域内重点生产经营单位的应急预案培训工作。生产经营单位应当组织开展本单位的应急预案、应急知识、自救互救和避险逃生技能的培训活动，使有关人员了解应急预案内容，熟悉应急职责、应急处置程序和措施。应急培训的时间、地点、内容、师资、参加人员和考核结果等情况应当如实记入本单位的安全生产教育和培训档案。各级人民政府应急管理部门应当至少每两年组织一次应急预案演练，提高本部门、本地区生产安全事故应急处置能力。生产经营单位应当制定本单位的应急预案演练计划，根据本单位的事故风险特点，每年至少组织一次综合应急预案演练或者专项应急预案演练，每半年至少组织一次现场处置方案演练。

易燃易爆物品、危险化学品等危险物品的生产、经营、储存、运输单位，矿山、金属冶炼、城市轨道交通运营、建筑施工单位，以及宾馆、商场、娱乐场所、旅游景区等人员密集场所的经营单位，应当至少每半年组织一次生产安全事故应急预案演练，并将演练情况报送所在地县级以上地方人民政府负有安全生产监督管理职责的部门。县级以上地方人民政府负有安全生产监督管理职责的部门应当对本行政区域内前款规定的重点生产经营单位的生产安全事故应急救援预案演练进行抽查；发现演练不符合要求的，应当责令限期改正。

应急预案演练结束后，应急预案演练组织单位应当对应急预案演练效果进行评估，撰写应急预案演练评估报告，分析存在的问题，并对应急预案提出修订意见。应急预案编制单位应当建立应急预案定期评估制度，对预案内容的针对性和实用性进行分析，并对应急预案是否需要修订做出结论。矿山、金属冶炼、建筑施工企业，易燃易爆物品、危险化学品等危险物品的生产、经营、储存、运输企业，使用危险化学品达到国家规定数量的化工企业，烟花爆竹生产、批发经营企业，中型规模以上的其他生产经营单位，应当每三年进行一次应急预案评估。应急预案评估可以邀请相关专业机构或者有关专家、有实际应急救援工作经验的人员参加，必要时可以委托安全生产技术服务机构实施。

有下列情形之一的，应急预案应当及时修订并归档：

(1) 依据的法律、法规、规章、标准及上位预案中的有关规定发生重大变化的；

(2) 应急指挥机构及其职责发生调整的；

(3) 安全生产面临的风险发生重大变化的；

(4) 重要应急资源发生重大变化的；

(5) 在应急演练和事故应急救援中发现需要修订预案的重大问题的；

(6) 编制单位认为应当修订的其他情况。

应急预案修订涉及组织指挥体系与职责、应急处置程序、主要处置措施、应急响应分级等内容变更的，修订工作应当参照本办法规定的应急预案编制程序进行，并按照有关应急预案报备程序重新备案。生产经营单位应当按照应急预案的规定，落实应急指挥体系、应急救援队伍、应急物资及装备，建立应急物资、装备配备及其使用档案，并对应急物资、装备进行定期检测和维护，使其处于适用状态。生产经营单位发生事故时，应当第一时间启动应急响应，组织有关力量进行救援，并按照规定将事故信息及应急响应启动情况报告事故发生地县级以上人民政府应急管理部门和其他负有安全生产监督管理职责的部门。生产安全事故应急处置和应急救援结束后，事故发生单位应当对应急预案实施情况进行总结评估。

四、监督管理

各级应急管理部门和煤矿安全监察机构应当将生产经营单位应急预案工作纳入年度监督检查计划，明确检查的重点内容和标准，并严格按照计划开展执法检查。地方各级应急管理部门应当每年对应急预案的监督管理工作情况进行总结，并报上一级人民政府应急管理部门。对于在应急预案管理工作中做出显著成绩的单位和人员，各级人民政府应急管理部门、生产经营单位可以给予表彰和奖励。

五、法律责任

生产经营单位有下列情形之一的，由县级以上应急管理等部门依照《中华人民共和国安全生产法》第九十四条的规定，责令限期改正，可以处 5 万元以下罚款；逾期未改正的，责令停产停业整顿，并处 5 万元以上 10 万元以下的罚款，对直接负责的主管人员和其他直接责任人员处 1 万元以上 2 万元以下的罚款：

（1）未按照规定编制应急预案的；

（2）未按照规定定期组织应急预案演练的。

生产经营单位有下列情形之一的，由县级以上人民政府应急管理部门责令限期改正，可以处 1 万元以上 3 万元以下的罚款：

（1）在应急预案编制前未按照规定开展风险辨识、评估和应急资源调查的；

（2）未按照规定开展应急预案评审的；

（3）事故风险可能影响周边单位、人员的，未将事故风险的性质、影响范围和应急防范措施告知周边单位和人员的；

（4）未按照规定开展应急预案评估的；

（5）未按照规定进行应急预案修订的；

（6）未落实应急预案规定的应急物资及装备的。

生产经营单位未按照规定进行应急预案备案的，由县级以上人民政府应急管理等部门依照职责责令限期改正；逾期未改正的，处 3 万元以上 5 万元以下的罚款，对直接负责的主管人员和其他直接责任人员处 1 万元以上 2 万元以下的罚款。

思　考　题

1. 事故应急救援体系包括哪些内容？请具体阐述。

2. 事故应急救援预案应如何修订完善？

第八章 企业安全管理

第一节　矿山安全管理

一、矿山的安全管理

（一）安全生产责任制度

矿山企业应当建立、健全行政领导岗位安全生产责任制，职能机构安全生产责任制和岗位人员安全生产责任制。矿长（含矿务局局长、公司经理）对本企业的安全生产工作负有下列职责：① 认真贯彻执行法律、法规和有关矿山安全生产的规定；② 制定本企业安全生产管理制度；③ 根据需要配备合格的安全工作人员，对每个行业场所进行跟班检查；④ 采取有效措施，改善职工劳动条件，保证安全生产所需的材料、设备、仪器和劳动防护用品的及时供应；⑤ 对职工进行安全教育、培训；⑥ 制定矿山灾害的预防和应急计划；⑦ 及时采取措施，处理矿山存在的事故隐患；⑧ 及时、如实向有关行政主管部门报告矿山事故。

（二）安全生产民主监督管理制度

1. 发挥职工和职工代表大会的监督作用

矿山企业职工有权对危害安全的行为提出批评、检举和控告。矿长对本企业的安全生产工作负责，应当定期向职工代表大会或者职工大会报告安全生产工作。

2. 发挥企业工会的监督作用

矿山企业工会依法维护职工生产安全的合法权益，组织职工对矿山安全工作进行监督。矿山企业工会有权要求企业行政部门对企业违反有关安全生产的法律、法规的行为认真处理；有权派代表参加企业召开讨论有关安全生产的会议，并提出意见和建议。矿山企业工会发现企业行政方面违章指挥、强令工人冒险作业或者生产过程中发现明显重大事故隐患和职业危害，有权提出解决的建议；发现危及职工生命安全的情况时，有权向矿山企业行政方面建议组织职工撤离危险现场，矿山企业行政方面必须及时作出处理决定。

（三）安全教育、培训考核制度

1. 矿长、安全工作人员培训考核

矿长必须经过考核，具备安全专业知识，具有领导安全生产和处理矿山事故的能力。矿山企业安全工作人员必须具备必要的安全专业知识和矿山安全工作经验。矿长、安全工作人员的培训考核由安全监察部门组织进行。

2. 企业职工安全教育与培训

矿山企业必须对职工进行安全教育、培训；未经安全教育、培训的，不得上岗。矿山企业安全生产的特种作业人员必须接受专门培训，经考核合格取得操作资格证书的，方可上岗作业。

（四）安全劳动保护制度

矿山企业必须向职工发放保障安全生产所需的劳动防护用品。矿山企业不得录用未成年人从事矿山井下劳动。矿山企业对女职工按照国家规定实行特殊劳动保护，不得分配女职工从事矿山井下劳动。

（五）矿山安全事故防范

矿山安全生产管理必须坚持“安全第一、预防为主、综合治理”的方针。矿山企业必须制定矿山事故防范措施，并组织落实。矿山企业应当建立由专职或者兼职人员组成的救护和医疗急救组织，配备必要的装备、器材和药物。矿山企业必须按照国家规定从矿产品销售额中提取安全技术措施专项费用。安全技术措施专项费用必须全部用于改善矿山安全生产条件，不得挪作他用。

二、矿山安全的监督管理

（一）安全监察行政主管部门的监督职责

矿山安全的监督职责主要包括：① 检查矿山企业和管理矿山企业的主管部门贯彻执行矿山安全法律、法规的情况；② 参加矿山建设工程安全设施的设计审查和竣工验收；③ 检查矿山劳动条件和安全状况；④ 检查矿山企业职工安全教育、培训工作；⑤ 监督矿山企业提取和使用安全技术措施专项费用的情况；⑥ 参加并监督矿山事故的调查和处理；⑦ 法律、行政法规规定的其他监督职责。

（二）矿山企业主管部门的管理职责

矿山安全的管理职责主要包括：① 检查矿山企业贯彻执行矿山安全法律、法规的情况；② 审查批准矿山建设工程安全设施的设计；③ 负责矿山建设工程安全设施的竣工验收；④ 组织矿长和矿山企业安全工作人员的培训工作；⑤ 调查和处理重大矿山事故；⑥ 法律、行政法规规定的其他管理职责。

第二节　化工安全管理

化工生产安全管理技术是针对化工生产过程中的安全问题，运用有效的资源，通过人们的努力，进行有关决策、计划、组织和控制等活动，实现化工生产过程中人与物料、环境的和谐，最终达到安全生产目标的科学。

一、化工生产安全管理的主要内容

化工生产安全管理的基本对象是化工生产系统，管理范围涉及企业中的所有人员、设备设施、物料、环境、财务、信息等各个方面，其主要内容包括以下几个方面。

(1) 安全制度的建设：包括安全规章制度的建设，标准化的制定，生产前的安全评价和管理（如设计安全等），员工的系统培训教育，安全技术措施计划的制定和实施，安全检查方案的制定和实施，管理方式、方法和手段的改进研究，以及有关安全情报资料的收集分析，研究课题的提出等。安全制度建设的一个重要任务就是实现安全管理的法制化、标准化、规范化、系统化。

(2) 生产过程的安全管理：指生产活动过程中的动态安全管理，包括生产过程、检修过程、施工过程以及设备等的安全保证管理。生产过程的安全，主要是工艺安全和操作安全，这是生产企业安全管理的重点。检修过程安全，包括全厂停车大修、车间停车大修、单机检修以及意外情况下的抢修等，其事故发生率往往更高，因此，必须列为安全管理的重要内容。施工过程安全，包括企业扩建、改造等工程施工，由于这些工程施工往往是在不停止生产的情况下进行的，故同样存在安全问题，因此也必须列为安全管理的重要内容。设备安全，包括设备本身的安全可靠性和正确合理的使用，直接关系到生产过程的正常运行，所以保证设备安全运行也是安全管理的重要内容。

(3) 信息、预测和监督事故管理：实质上起着信息的收集、整理、分析和反馈作用。安全分析和预测，可以通过分析发现和掌握安全生产的个别规律及倾向，作出预测预报，有利于预防和消除隐患。安全监督，主要是监督检查安全规章制度的执行情况，检查发现安全生产责任制执行中的问题，为加强管理提供动态情况。

二、化工生产安全管理的主要特点

随着现代化生产的飞速发展和新技术的不断涌现，生产安全管理工作也呈现出新的特点。

(1) 以预防事故为中心，进行预先安全检查、分析与评价。即要预先对工程项目、生产系统和作业中固有的及潜在的危险进行检查、分析、测定和评价，为确定基本的防火对策提供依据。

(2) 从总体出发，实行系统安全管理。把安全管理引申到工程计划的安全论证、安全设计、安全审核、设备制造、试车、生产运行、维修以及产品的使用等全部过程。

(3) 对安全进行数量分析，运用数学方法和计算技术研究安全同影响因素之间的数量关系，对危险性等级及可能导致损伤的严重程度进行客观的评定，从而划定安全与危险的界限、可行与不可行的界限。

(4) 应用现代科学技术，结合安全系统工程学、人机工程学、安全心理学，综合制定管理、技术和教育对策，防止事故的发生。

三、生产岗位安全操作规程

化工生产岗位安全操作规程是化工生产企业各岗位如何遵守有关规定完成本岗位工作任务的具体操作程序和要求，是职工必须谨守的企业规章。其具体内容应包括：物料的危险特性及安全注意事项，设备操作的安全要求和注意事项，必要的个人防护要求和使用方法，岗位必须了解的防火防爆及灭火器使用方面的内容，职业卫生和环境保护对作业环境方面的基本要求，岗位操作的具体程序、动作等安全内容。制定生产岗位安全操作规程要注重下面几个问题。

(1) 首先须明确使用范围及条件，内容要具体，针对性、可操作性要强，并且要做到覆盖企业的全部生产操作岗位以及员工操作的全过程，不能有空白、疏漏。不能以约束人的行为的操作规程取代按国家安全生产法规规定应具备的安全生产条件。

(2) 编制的主要依据有：国家、地方、行业有关标准、规范，技术部门提供的工艺规程中有关安全的内容，同类行业或岗位多年总结出的经验教训和曾经发生过的事故案例，以及设备技术说明书中规定必须遵守的操作注意事项。

(3) 制定岗位安全操作规程时，要先对操作的全过程进行危险辨识，再制定防止事故发生的措施，然后把防止事故发生的措施中有关规范、约束操作者行为的措施整理成为安全操作规程。岗位安全操作规程的制定是科学严谨的过程，必须符合岗位的具体要求和实际情况，不切实际的操作规程只是一种摆设，根本不能保证岗位员工的安全和健康。

(4) 岗位安全操作规程的内容不能只明确“不准干什么、不准怎样干”，而不明确“应该怎么干”，不能留有让作业人员“想当然、自由发挥”的余地。应该具体明确操作前对设备、场地的安全检查，并确认安全操作的内容，作业中巡检的内容，操作中必须操作的步骤、方法，操作注意事项、安全禁忌事项和正确使用劳动防护用品的要求，出现故障时的排除方法和发现事故时的应急措施等。由于化工生产企业的产品种类、生产条件、生产场所及工艺流程千差万别，因此各企业可根据本单位的具体情况、管理模式来编制岗位安全技术操作规程，也可以采用作业指导书的形式。

第三节　建筑安全管理

一、建筑工程安全生产的特点

（一）作业人员素质的不稳定性

从目前的建筑市场情况看，大多数建筑工人文化程度较低，未受过专业训练，而且每年流动性较大。由于各工种专业技能和安全施工操作要点需要通过工作实践逐步积累，作业人员素质受作业年限长短的影响非常明显，因此以上情况致使作业人员及其素质极不稳定。在建筑施工过程中，生产管理人员根据生产进度灵活地组织操作人员进场，施工队伍、操作人员不可避免地经常处于动态的调整过程中。为适应作业量的变化，满足工期和工序搭接的需要，在同一项目工程的不同建筑之间，以及同一建筑的不同施工部位也存在施工队伍、操作人员的流动。尽管相关建筑企业管理意识不断优化，在施工队伍、操作人员中还是有一些单位的经营承包管理人员受利益的驱使，在管理和监督稍有薄弱的情况下，非法转包和招聘一些不能胜任作业的队伍、人员，导致建筑施工现场操作人员素质更不稳定。作为“人”的不安全因素，建筑工程施工操作人员素质的不稳定，是建筑工程施工现场的重要安全隐患。

（二）施工建筑体积庞大，受外部环境因素的影响

多建筑产品多为高耸庞大、固定的大体量产品，因此，建筑施工生产只能在露天条件下进行。正是因为露天作业这一特点，导致施工现场存在更多的事故隐患，同时也使得建筑工程施工现场的安全管理工作难度增大。

施工现场的安全直接受到天气变化的制约，如冬期、雨期、台风、高温等都会给现场施工带来许多问题，各种较恶劣的气候条件对施工现场的安全造成很大的威胁；建筑产品所处的地理、地质、水文和现场内外水、电、路等环境条件也会影响施工现场的安全。

（三）设备设施投入量大、分布分散

由于建筑产品体积庞大，物资和人力消耗巨大，在有限的施工场地上需要集中大量的建筑材料、设备设施、施工机具。露天的电气线路装置多，塔式起重机、井架、脚手架等危险性较大的设备设施多，无型号、无专门标准、自制和组装的中小型机械类型多，手持移动工具多，而且使用广泛、布局分散，致使安全生产管理工作的难度增大。

（四）人力、物力投入量大，生产周期长

由于建筑产品体积庞大，物资和人力消耗巨大，往往需要长期大量地投入人力、物力、财力，少则几个单位，多则二三十个单位共同进行作业。在有限的施工现场集中大量的人力、建筑材料、设备设施、施工机具，加之施工生产过程中各施工工序及工艺流程都需要衔接配合，连续性较强，致使安全生产管理工作要综合考虑多方面的安全隐患，稍有疏忽便

有可能发生安全事故。

（五）建筑产品形式多样、规则性差

建筑产品在设计时，不仅要考虑结构耐久性，还要考虑其本身的经济实用性，并且要满足人们对建筑产品美观上的要求。建筑产品的地理位置、民族特征、风俗习惯和所处的环境不同，致使施工工程处于不同的外部作业条件之下。为满足各行各业的需要，建筑产品的外观和使用功能各异，形式和结构灵活多变。即使同类工程、同样工艺和工序，其施工方法和施工情况也会有差异和变化，因此，建筑产品规则性差，具有突出的单件性。施工生产过程受到的制约因素较多，不可能全部照搬以往的施工经验，而且立体交叉作业的情况较多，使其生产周期很长，少则数月、多则数年，导致潜在的事故隐患较多、安全管理工作难度较大。

建筑产品的上述特点，使建筑产业的经营管理，特别是施工现场的安全生产管理比其他工业企业的管理更为复杂。因此，加强对建筑工程施工现场安全生产管理工作的力度意义重大。

二、建筑工程施工的不安全因素

施工现场各类安全事故潜在的不安全因素主要有施工现场人的不安全因素和施工现场物的不安全状态。同时，管理的缺陷也是不可忽视的重要因素。

人的不安全因素和物的不安全状态，是造成绝大部分事故的两个潜在的不安全因素，通常也被称作事故隐患。事故潜在的不安全因素是造成人身伤害、物的损失的先决条件，人身伤害事故就是人与物之间产生的一种意外现象。在人与物中，人的因素是最根本的，因为物的不安全状态的背后，实质上还是隐含着人的因素。分析大量事故的原因可以得知，单纯由于物的不安全状态或者单纯由于人的不安全行为导致的事故情况并不多，事故几乎都是由多种原因交织而形成的。总的来说，安全事故是由人的不安全因素和物的不安全状态以及管理的缺陷等多方面原因结合而形成的。

（一）人的不安全因素

人的不安全因素是指影响安全的人的因素，是使系统发生故障或发生性能不良事件的人员自身的不安全因素或违背设计和安全要求的错误行为。人的不安全因素可分为个人的不安全因素和人的不安全行为两大类。个人的不安全因素，是指人的心理、生理、能力中所具有的不能适应工作、作业岗位要求而影响安全的因素。人的不安全行为，通俗地讲，就是指能造成事故的人的失误，是人为地使系统发生故障或发生性能不良事件，违背设计和操作规程的错误行为。

（二）物的不安全状态

物的不安全状态是指能导致事故发生的物质条件，包括机械设备等物质或环境所存在的不安全因素。通常，人们将此称为物的不安全状态或物的不安全条件，也有的直接称其为不安全状态。

三、安全管理措施

要做好施工现场伤亡事故预防，就必须消除人和物的不安全因素、弥补管理的缺陷，实现作业行为和作业条件安全化。为了切实达到预防事故发生和减少事故损失的目的，应采取以下措施。

(1) 消除人的不安全行为，实现作业行为安全化。

① 开展安全思想教育和安全规章制度教育；

② 进行安全知识岗位培训，提高职工的安全技术素质；

③ 推广安全标准化管理操作，严格按照安全操作规程和程序进行各项作业；

④ 定期对作业条件(环境)进行安全评价，以便提前采取安全预防措施，保证符合作业的安全要求。

(2) 加强对施工现场的安全管理，消除管理的不安全因素。导致现场安全事故发生的原因除人的不安全行为、物的不安全状态因素之外，管理的缺陷也是重要的因素。因此，实现安全生产的另一重要保证就是加强安全管理。采取有力措施，加强安全施工管理，保障安全生产。建立健全安全生产责任制，严格执行安全生产各项规章制度，开展三级安全教育、经常性安全教育、岗位培训和安全竞赛等活动。安全检查、监督和切实落实各项防范措施等安全管理工作，是消除事故隐患、做好伤亡事故预防的基础工作。

第四节　特种设备安全管理

一、特种设备安全管理职责

特种设备生产、使用单位职责：建立健全特种设备安全、节能管理制度和岗位安全、节能责任制度，建立特种设备档案(使用手册、操作手册、技术参数表、装箱单、合格证、维修手册等)。特种设备生产、使用单位的主要负责人应当对本单位特种设备的安全和节能全面负责。

特种设备检验检测机构职责：应当依照《特种设备安全监察条例》的规定对特种设备进行检验检测工作，对其检验检测结果、鉴定结论承担法律责任。

特种设备生产、使用单位和特种设备检验检测机构，应当接受并积极配合特种设备安全监督管理部门依法进行的特种设备安全监察。

二、特种作业人员的安全职责

(1) 遵守国家有关安全生产法律、法规和企业安全规程、规章制度，严格执行本工种相关安全操作规程、技术规程，保证作业安全。

(2) 认真参加安全教育和技术理论及实际操作培训，具有较强的安全意识，掌握本工种的安全技术知识和实际操作技能，持证上岗，定期参加复审培训和考试。

(3) 认真接受作业前各项安全技术交底，熟悉工作内容、工作流程，掌握作业过程的危险点和预控措施，并认真执行各项安全措施。

(4) 正确使用劳动防护用品和本工种作业的工具、设备，并按规定进行维护保养，及时排除防护用品和机具设备的不安全因素。

(5) 遵守劳动纪律，不违章作业，对自己在工作中的行为负责，拒绝违章指挥或者强令冒险作业，发现他人违章作业时应制止。

(6) 在发现危及人身、电网、设备安全的紧急情况时，有权停止作业或者在采取可能的紧急措施后撤离作业场所，并立即报告。

(7) 接受考核发证机关和用人单位的安全监督。

三、特种设备作业人员管理

(一) 特种设备作业人员的配备

依据《特种设备安全监察条例》的规定，电梯、客运索道、大型游乐设施等为公众提供服务的特种设备运营使用单位，应当设置特种设备安全管理机构或者配备专职的安全管理人员；其他特种设备使用单位，应当根据情况设置特种设备安全管理机构或者配备专职、兼职的安全管理人员。特种设备的安全管理人员应当对特种设备使用状况进行经常性检查，发现问题的应当立即处理；情况紧急时，可以决定停止使用特种设备并及时报告本单位有关负责人。

(二) 特种设备作业人员资格

锅炉、压力容器、电梯、起重机械、客运索道、大型游乐设施、场内专用机动车辆的作业人员及其相关管理人员(统称为“特种设备作业人员”)，应当按照国家有关规定经特种设备安全监督管理部门考核合格，取得国家统一格式的特种作业人员证书，方可从事相应的作业或者管理工作。

(三) 使用单位特种设备作业人员安全教育和培训

特种设备使用单位应当对特种设备作业人员进行特种设备安全教育和培训，保证特种设备作业人员具备必要的特种设备安全、节能作业知识。特种设备作业人员在作业中应当严格执行特种设备的操作规程和有关的规章制度。

(四) 事故隐患报告

特种设备作业人员在作业过程中发现事故隐患或者其他不安全因素，应当立即向现场安全管理人员和单位有关负责人报告。

四、特种作业资格的监督管理

(1) 特种作业人员应当接受与其所从事的特种作业相应的安全技术理论培训和实际

操作培训，参加规定的有资质或经认可的安全培训机构的培训，考试合格并取得相应特种作业资格证书。国家行政主管部门颁发的特种作业人员资格证的培训取证、复审、换证等管理遵从其相关规定，公司(或国家电网公司)系统颁发的特种作业资格证的取证、复审、换证等管理遵从公司(或国家电网公司)相关规定。

(2) 各单位新取证特种作业人员应在有经验的同工种特种作业人员的带领下见习3个月，经各单位安监部门组织进行安全技术知识考试和实际操作考核，经认定合格后方可独立工作。离开特种作业工作岗位连续达3个月以上的特种作业人员，重新上岗时，应当重新进行安全技术知识考试和实际操作考核，经确认合格后，方可上岗作业。

(3) 各单位要对进入公司系统进行特种作业的外单位(含分包单位)人员按规定审查其特种作业取证情况，查验其特种作业人员资格证原件，留存复印件，并由安监部门组织进行安全技术知识考试和实际操作考核合格后方可准其进行相应工种的特种作业。作业前，要认真检查确认特种作业人员的配备是否满足作业要求。

(4) 有下列情形之一者，用人单位应责令其停止特种作业并取消其特种作业资格：未按规定接受复审或复审不合格的；违章操作造成严重后果或两年内违章操作记录达3次以上的；有安全生产违法行为，并受到行政处罚的；拒绝、阻碍用人单位和安全监察部门监督检查的；弄虚作假骗取特种作业操作证的；经确认健康状况已不适合继续从事所规定的特种作业的。

第五节　消防安全管理

一、生产和生活中常见的火源

生产和生活中常见的火源，归纳起来主要有以下8种：

(1) 生产用火。如电、气焊和喷灯等维修用火，钢炉、焙炉、加热炉、电炉等火源。

(2) 运转机械打火。如装卸机械打火，机械设备的冲击、摩擦打火，转动机械进入石子、钉子等杂物打火等。

(3) 内燃机喷火。如汽车、拖拉机等运输工具的排气管喷火等。

(4) 生活用火。人们的炊事用火、取暖用火、吸烟、燃放烟花爆竹、烧荒等。

(5) 静电火花。如输送中因物料摩擦产生的静电放电，操作人员或其他人员穿戴化纤衣服产生的静电放电等。

(6) 自行发热自燃。如因物品堆放储存不当引起的物质自行发热自燃，遇水易燃物品和某些物质的化学反应热以及生产中超过自燃点的物料遇空气的自燃等。

(7) 电火花。如电器线路、设备的漏电、短路、过负荷、接触电阻过大等引起的电火花、电缆燃烧等。

(8) 雷击、太阳能热源及其他高温热源等。

二、生产和生活中常见火源的管理

(1) 严格管理生产用火。《中华人民共和国消防法》第二十一条规定，禁止在具有火灾、爆炸危险的场所吸烟、使用明火。因施工等特殊情况需要使用明火作业的，应当按照规定事先办理审批手续，采取相应的消防安全措施；作业人员应当遵守消防安全规定。进行电焊、气焊等具有火灾危险作业的人员和自动消防系统的操作人员，必须持证上岗，并遵守消防安全操作规程。根据此规定，甲、乙、丙类生产车间、仓库及厂区和库区内严禁动用明火，若生产必须动火时应经单位的安全保卫部门或防火责任人批准，并办理动火许可证，落实各项防范措施。对于铜炉、加热炉、电炉等固定用火地点，必须远离甲、乙、丙类生产车间和仓库，满足防火间距要求，并办理用火许可证。

(2) 控制各种机械打火。生产过程中的各种转动的机械设备、装卸机械、搬运工具，应有可靠的防止冲击、摩擦打火的措施，有可靠的防止石子、金属杂物进入设备的措施。对提升机械设备易产生火花的部位，应设置防护罩。

(3) 严控机动车辆火星。进入甲、乙类和易燃原材料的厂区、库区的汽车、拖拉机等机动车辆，排气管必须加戴防火罩。

(4) 严格管理生活用火。甲、乙类和易燃原材料的生产厂区、库区应有醒目的“严禁烟火”的防火标志，厂区和库区内不准抽烟，不准生火做饭和烧荒，进入的人员必须登记，并交出随身携带的火种。在春节等重大节日期间，单位除要教育本单位职工、家属不燃放烟花爆竹外，还应积极与居民搞好联防。如要举办焰火晚会，必须经公安消防机构批准，落实各项安全措施。申办单位应将所燃放的烟花爆竹进行实验和计算，燃放的烟花爆竹必须燃烧彻底，不得有阴燃物存在；应实地检查燃放烟花爆竹的实际飞散距离，在爆竹飞散的半径范围内不得有甲、乙类生产厂房、库房，以及易燃原材料。

(5) 采取防静电措施。运输或输送易燃物料的设备、容器、管道都必须有良好的接地措施，防止静电聚积放电。进入甲、乙类场所的人员，不准穿化纤衣物。

(6) 消除化学反应热。储存有积热自燃危险物品和遇水生热物品的库房，堆垛不可过高、过大，要留足垛距、顶距、柱距，以利通风散潮和安全检查。同时，在储存期间要注意观察和检测温、湿度变化，防止化学反应热的积聚而导致自燃起火。对于遇空气可自燃的物品，包装要绝对保证严密不漏。

(7) 采取电气防火措施。

(8) 采取防雷和防太阳光聚焦措施。甲、乙类生产车间和仓库以及易燃原材料露天堆场、贮罐等，都应安设符合要求的避雷装置。甲、乙类车间和库房的门窗玻璃应为毛玻璃或普通玻璃涂以白色漆，以防止太阳光聚焦。

三、仓库消防组织管理

仓库是物资集中储存的场所，主要包括由国家、集体和个体经营的储存物品的各类仓库、堆栈、货场。仓库的消防安全管理必须贯彻“预防为主，防消结合”的方针，加强消防管理，实行消防安全责任制。

（一）消防安全责任制

仓库应当确定一名主要领导为防火负责人，全面负责仓库的消防安全管理工作，并履行组织学习消防法律法规、制定消防安全管理制度、落实防火责任制、组织消防培训、开展防火检查、整改火灾隐患、实施灭火演练等职责。仓库防火负责人的确定与变动，应当向当地公安消防机构备案。

（二）消防组织

国家储备库、专业厂库应当配备专职消防干部；国家储备库、专业厂库和火灾危险性大、距公安消防队较远的其他大型仓库，应当按照有关规定建立专职消防队。消防干部和专职消防队长的配备与更换，应当征求当地公安消防机构的意见。

各类仓库都应当配备专(兼)职消防人员，建立义务消防组织，定期进行业务培训，开展自防自救工作。专职消防人员的配备与更换，应当征求当地公安消防机构的意见。

（三）员工组织管理

仓库保管员应当熟悉储存物品的分类、性质、保管业务知识和防火安全制度，掌握消防器材的操作使用和维护保养方法，做好本岗位的防火工作。仓库新职工应当接受仓储业务和消防知识的培训，经考试合格，方可上岗作业。仓库严格执行夜间值班、巡逻制度，带班人员应当认真检查，督促落实。

四、安全疏散设施管理

建筑物的安全疏散设施有疏散楼梯和楼梯间、疏散走道、安全出口、应急照明和疏散指示标志、应急广播及辅助救生设施。

根据《中华人民共和国消防法》第十六条的规定，机关、团体、企业、事业单位应当履行“保障疏散通道、安全出口、消防车通道畅通，保证防火防烟分区、防火间距符合消防技术标准”的职责。

《机关、团体、企业、事业单位消防安全管理规定》第二十一条规定，单位应当保障疏散通道、安全出口畅通，并设置符合国家规定的消防安全疏散指示标志和应急照明设施，保持防火门、防火卷帘、消防安全疏散指示标志、应急照明、机械排烟送风、火灾事故广播等设施处于正常状态。严禁下列行为：

(1) 占用疏散通道；

(2) 在安全出口或者疏散通道上安装栅栏等影响疏散的障碍物；

(3) 在营业、生产、教学、工作等期间将安全出口上锁、遮挡或者将消防安全疏散指示标志遮挡、覆盖；

（4）其他影响安全疏散的行为。

思　考　题

请具体阐述企业安全管理的核心要素有哪些，以及各要素之间应如何协调并形成良性循环。